孟老師的
100道麵包

孟兆慶◎著

好一個～傻瓜麵包！

同樣的名詞，在不同的年代，會產生不一樣的解釋。

因為有了第一本「100道餅乾」的好開始，然後再有接下來第二本「100道蛋糕」的好延續，所以才會有了如今這一本「100道麵包」的接龍。

孟老師……因為她對於烘培的執著精神，所以在我的心目中她已經昇華到了「傻瓜」的境界了；在台灣，撇開一般業餘愛好者不談，相信任何一個烘培的師傅都能輕輕鬆鬆的列出幾十款的麵包來，但是如果還要細化到這100道麵包不重複、兼顧各種不同的口味、除了懷舊還有創新、普通人也能輕鬆上手、……，恐怕就不是人人都能辦到的事了！

除了孟老師榮登「傻瓜」的寶座之外，她的家人為了這100道麵包共同付出的配合和忍耐，她的學生經常給予的幫忙和協助，身邊親友三不五時提供的被諮詢和被騷擾，……甚至連大樓管理員在這段時間裡吃到免費試吃的麵包，都已經遠遠超過了他這一、兩年內吃過麵包的總合了！因此為了這本書，他們也都和「傻瓜」沾上了一點邊。

如果妳也是一個麵包製作的愛好者的話，那麼我又要「誇」你也是一位值得讓人尊敬的傻瓜了！在烘培的領域裡，相較於餅乾的低失敗率，相較於蛋糕的操作便利性，做麵包的確需要有一定的功力和一定的愛好，因此和身邊的其他人比較起來，喜歡做麵包的朋友，你們在朋友的眼中，都是好好先生、好好小姐般的好人，甚至好到有點像是「傻瓜」一樣。

最後我要告訴大家，雖然這本書裡有100道麵包，但是不用怕，這些都是「傻瓜」麵包！因為依孟老師的個性來說，如果她的配方有問題、如果她的步驟不夠詳細、如果她不能保證你一定成功，那麼這本書就一定不會出版，而如今既然已經出版了，那麼你就可以放心大膽的去嚐試吧，保證會成功！

如果「三隻小豬」都能夠成為成語的話，那麼「傻瓜」肯定也能當做褒獎的話。

總結上述的分析，我們可以得出以下的結果……

傻瓜老師 教 傻瓜學生 做 傻瓜麵包！

徐志方

「麵包坊」的幸福滋味，
就在你、我的家裡喔！

又是100道，「100」確實是個吸引人的數字，有著圓滿、完美、豐富之意，延續100道手工餅乾、100道小蛋糕的多樣化內容，順理成章出現100道麵包才算完整？！

拜當今食材種類繁多與資訊流通之賜，觸目所及的麵包世界，在不斷求新求變前提下，豈只是100道而已，特別是「麵包」二字的概念，早已具備主食與點心的雙重意義，於是吃麵包就像家常便飯一樣的自然又隨興。

不過令人玩味的是，麵包花樣再多，每個人還是有屬於自己的品嚐偏好，有人愛吃軟綿綿的口感、有人卻獨鍾於有嚼勁的硬麵包、甚至有人非熟悉的口味絕不吃；除此之外，口味翻新速度之快，也常令人目不暇給，很多令人意想不到的食材也會運用在麵包中，因而「吃麵包」也造就現代人多樣化的品嚐體驗。

尤其，麵包店三五步到處林立，吃麵包根本是唾手可得的事情，這樣的方便性，大家還有必要親自動手做麵包嗎？在進行這本書的製作同時，我不免質疑起來，後來我找到肯定的答案；因為做麵包的感動，值得親身體驗，當麵粉變成「麵糰」，即是個具有生命的實體，外型的膨脹、氣味的產生，以至於成品出爐，每個階段的奇妙變化都足以讓一個從未見識的人感到趣味橫生；猶記得，食譜拍攝期間，相關的工作人員，見到麵糰發酵後的模樣，無不發出驚呼聲，尤其親身領略麵包出爐的剎那，所散發的誘人香氣，更是幸福；相信自己動手做的附加價值，絕對不是單純的品嚐意義而已，其中蘊含的成就感更是讓人樂此不疲的原動力。

本書中的食譜既是以家庭DIY為原則，舉凡作工繁複，或是需要特殊道具才能完成的麵包，一律屏除在外，例如：可頌麵包、法國棍子麵包（Baguette），以及其他需要蒸氣烤箱烘烤的歐式麵包等；即使如此，仍能享受千變萬化的麵包種類，從接受度最高的軟式麵包、開胃鹹麵包、風味土司、高纖麵包、歐式鄉村麵包，到幾款聖誕節的應景麵包等，相信在豐富食材與造型變化下，足以讓人飽嚐麵包製作的樂趣。

值得一提的是，利用食材本身所含的天然酵素，竟像秘密武器一樣，讓麵包更加美味、綿軟且爽口，因此本書中完全捨棄製作麵包時所添加的麵包改良劑，而藉由家常的南瓜、芋頭、地瓜、馬鈴薯或蘋果等來發揮意想不到的口感功效；更有趣的是，只要有心在循序漸進下，更能依個人口味變換材料，甚至玩弄麵糰於股掌間，隨心所欲整出各式麵包造型；於是乎「麵包坊」的幸福滋味，就在你我的家裡喔！

目錄　　　　　　　　　　　　　　Contents

推薦序 —— 2

作者序 —— 3

如何使用本書 —— 8

麵包的世界 —— 10

本書使用材料 —— 26

本書使用工具 —— 36

後記 —— 158

Part 1　濃郁軟綿 甜味麵包

橄欖形酥香麵包 42	蜜花豆軟麵包 54
鮮奶油麵包 43	乳酪花環麵包 56
奶酥捲 44	紅豆麵包 57
咖啡麵包 45	可可螺旋捲 58
金黃大麵包 46	椰奶芋絲麵包 59
香橙麵包捲 48	抹茶紅豆麵包 60
芋泥奶香麵包 49	麻薯紅豆沙麵包 61
杏仁片麵包 50	三味小波蘿 62
焦糖核桃麵包 51	鮮奶玉米麵包 63
南瓜乳酪麵包 52	蔓越莓乳酪麵包 64
黑糖薑汁麵包 53	花生杏仁醬麵包 65

Part 2 調理鹹香 開胃麵包

馬鈴薯熱狗麵包　　68

西洋香菜鮮奶麵包　69

濃香鮪魚麵包　　　70

培根麵包　　　　　71

番茄百里香麵包　　72

照燒豬肉堡　　　　73

肉鬆海苔麵包　　　74

黑胡椒麵包　　　　75

墨魚香蒜麵包　　　76

金黃沙拉麵包　　　77

青醬起士麵包　　　78

海苔起士麵包　　　79

乳酪火腿麵包　　　80

番茄起士麵包　　　82

咖哩堡　　　　　　83

洋蔥玉米麵包　　　84

奶油薯泥麵包　　　85

味噌蔥花麵包　　　86

培根乳酪捲　　　　87

Part 3 百變細柔 風味土司

白土司　　　　　　90

竹炭乳酪土司　　　91

香濃小土司　　　　92

椰蓉土司　　　　　93

全麥芝麻土司　　　94

全麥土司　　　　　95

優格波蘿土司　　　96

香煎培根土司　　　97

三色土司　98　　　奶香葡萄乾土司　103

可可雙色土司　99　　豆漿麥片土司　104

杏仁奶香土司　100　　麥片核桃土司　105

巧克力夾心土司　101　卡士達超軟土司　106

切達乳酪土司　102　　麥汁紅糖土司　107

Part 4 歐風田園 主食麵包

佛卡恰　110

黑啤酒麵包　111

德式裸麥麵包　112

拖鞋麵包　113

鄉村麵包　114

高纖胚芽麵包　115

麥穗麵包　116

德式小餐包　118

英國生薑麵包　119

羅勒麵包　120

辣椒麵包　121

Part 5 五穀高纖 養生麵包

紅麴蔓越莓麵包	124	
黑糖果香麵包	125	
枸杞麵包	126	
麩皮牛蒡麵包	127	
南瓜子麵包	128	
綜合果仁麵包	129	
紅酒葡萄乾麵包	130	
胚芽果乾麵包	131	
五環黑糖蜜麵包	132	

杏仁紅糖麵包	133	
麥香核桃麵包	134	
麥片麵包	135	
紅糖麻薯地瓜麵包	136	
黑芝麻粉麵包	137	
桂圓酒香麵包	138	
黑糖蜜薏仁麵包	139	
糙米飯鮮奶麵包	140	
黑麥片八寶麵包	141	

Part 6 節慶趣味 特殊麵包

潘多洛	144	
潘妮托妮	145	
史多倫	146	
麵包棒	148	
葉形烤餅	149	
芝心披薩	150	

口袋麵包	152	
墨西哥捲餅	153	
貝果	154	
芝麻脆片	155	
金牛角	156	
軟Q甜甜圈	157	

如何使用本書 | How to use

1 **六大主題**
本書的六大主題,有濃郁軟綿甜味麵包、調理鹹香開胃麵包、歐風田園主食麵包及節慶趣味特殊麵包等。

軟嫩的甜蜜口感、豐富的各式內餡,有別於其他的麵包類別,特別富含較多的奶油或雞蛋,甚至足以增添香濃滋味的食材,也不可遺漏;眾多美味人吃得好滿足,無論哪一款都是老少咸宜的熱愛滋味。

Part
1
濃郁軟綿 **甜味麵包**

麵糰特性 ▶有些麵糰中添加一點低筋麵粉,藉以降低筋性程度,或是利用食材本身特性(例如:起士粉、鮮奶、優格、南瓜泥、芋頭泥、蛋黃等)讓麵包的咀嚼口感更加綿軟順口;揉好的麵糰可呈現稍微透明的薄膜即可。

烘烤方式 ▶除大體積的麵包(例如:金黃大麵包)以中溫烘烤外,其餘份量小的麵包,儘量以上火大、下火小的方式烘烤,並在短時間內完成。

2 不管是濃郁軟綿甜味麵包、調理鹹香開胃麵包還是節慶趣味特殊麵包,孟老師都會告訴您每一主題麵包的製作重點、烘烤特性、麵糰特性、所添加之各式內餡等,讓您可以依自己的喜好,做出您偏好的麵包。

3 **麵糰特性**
各種不同主題麵包的麵糰特性。

4 **烘烤方式**
孟老師的貼心叮嚀,提醒您在各種不同主題麵包製作時,麵包的烘焙方式及應注意的地方。

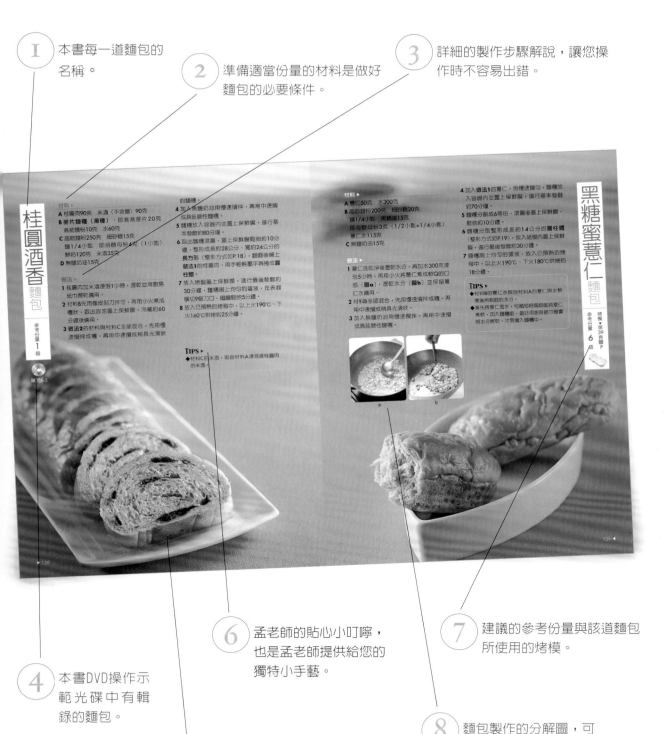

① 本書每一道麵包的名稱。

② 準備適當份量的材料是做好麵包的必要條件。

③ 詳細的製作步驟解說，讓您操作時不容易出錯。

④ 本書DVD操作示範光碟中有輯錄的麵包。

⑤ 麵包成品完成圖，精緻的成品拍攝，讓您看到麵包的內部組織紋理與其趣味特殊的外形，讓您更想躍躍欲試。

⑥ 孟老師的貼心小叮嚀，也是孟老師提供給您的獨特小手藝。

⑦ 建議的參考份量與該道麵包所使用的烤模。

⑧ 麵包製作的分解圖，可對照操作是否正確。

麵包的世界 | Bread

　　麵包，對現代人來說，應算是經常接觸的食物，無論是用來果腹填飽肚子，或是為了口腹之欲當點心來品嚐，在多樣化的選擇之下，無論如何都能滿足各種需求；演變至今的麵包文化，在不斷找尋新食材、新口味，甚至新造型的前提之下，出現五花八門的麵包世界，實在無法與過去同日而語；非但如此，在不同的製程中，從直接發酵法、中種發酵法、液體發酵法及凍藏發酵法等各種不同的發酵方式，更為麵包帶來不同風貌與品嚐滋味。

家庭製作麵包的樂趣

　　從麵粉到麵糰，從麵糰到麵包，只有親身體驗，才能感受每一個過程的樂趣與驚喜。有別於其他的烘焙點心，麵包的「麵糰」是個活的東西；無論你是機器攪拌，還是手工揉麵，當所有材料混合的剎那，活生生的反應就已經產生了，從視覺、嗅覺及觸覺中，會明顯感受麵糰是具生命力的，氣體膨脹、酵母氣味……，看著每一個階段的變化，最後再盯著剛出爐的麵包模樣，姑且不論成果如何，光是聞著瀰漫整個屋子的香氣，就足以構成家庭製作麵包的最大樂趣了。

　　除了需要慢慢了解以下所介紹的麵包製作過程外，事實上具備耐心與興趣，更是重要的基本條件；即便是家庭DIY，在幾乎都沒有專業的烤箱、發酵箱，甚至也缺了計時器、溫度計、溼度計等輔助工具的情況下，仍然可以順利的做麵包。

　　既然書中所有的發酵、烤溫及時間等數據都是僅供參考，那麼唯有靠自己的「觀察」，才是最實際的工具。將發酵中的麵糰視為自己的好朋友，細心呵護，給予適宜的發酵環境，並以「眼到」、「手到」的判斷方式來彌補專業工具的不足，對新手而言，試著將每一次製作的過程、狀態、細節，甚至結果都做個完整記錄，在熟能生巧之後，以相同原理製作，自然而然就可以做出媲美專業水準的麵包了。

麵包的製作方式

　　本書中製作麵包的材料與份量，大致以一般家庭DIY方便製作為原則，材料容易取得、份量少、容易操作。掌握麵包流程與製作方式後，也可依個人的需求，在合理範圍內變化麵包口味或增加烘烤數量。對麵包製作較陌生的新手，可先從幾樣較簡單的麵包做起（例如：P.110的佛卡恰、P.154的貝果及P.149的葉形烤餅等），不用太在意攪拌或發酵的各種細節，循序漸進再慢慢深入製作多樣化的麵包。

有關本書中麵包的製作方式，大致分成如下三種：

直接發酵法

　　將所有材料混合成糰後，在同一時間完成基本發酵（第一次發酵），接著依需要進行麵糰的分割、滾圓、整形到完成烘烤；用「**直接法**」製作麵包是最快速的一種製作方式，有關製作流程與細節，請看接下來的單元；書中大部分麵包都以「直接法」完成，例如：P.42的橄欖形酥香麵包、P.46的金黃大麵包及P.124的紅麴蔓越莓麵包等。

中種發酵法

　　將材料分成兩部分，其中一份先攪拌成糰，稱為「**中種麵糰**」，先進行長時間發酵約1.5～3小時（冷藏發酵時間約10小時），發酵完成後的麵糰再與剩餘的材料混合攪拌即為「**主麵糰**」；從攪拌主麵糰階段開始，接下來的所有製作流程與細節都與直接法完全相同。以中種法所製作的麵包，雖然較耗時，但質地最細緻。例如：P.65的花生杏仁醬麵包、P.90的白土司及P.135的麥片麵包等（中種法示範請看示範光碟中的**單元3-1白土司**）。

湯種法

　　利用澱粉糊化的原理與方式，讓麵糰中的含水量適度增加，麵包即呈綿軟的效果，除一般利用的「麵粉」與「熱水」可完成糊化外，本書還試著以其他含澱粉類的材料與麵粉搭配運用，例如：全麥麵粉、糯米粉、馬鈴薯泥、芋頭泥及麥片等，先將少量的澱粉質材料與液體材料（例如：水或牛奶）混合，再用小火加熱煮成糊狀物，即為「**湯種麵糰**」。

　　「湯種麵糰」需經過長時間的冷藏熟成，水分完全吸收，即成較乾爽的麵糰，再與其他材料攪拌成糰，但書中份量很少，因此縮短冷藏時間即開始攪拌製作。

　　從攪拌麵糰階段開始，接下來的所有製作流程與細節都與直接法完全相同；利用湯種法所製成的麵包，組織特別柔軟。例如：P.53的黑糖薑汁麵包、P.79的海苔起士麵包及P.99的可可雙色土司等。

⠿ 製作麵包的材料

　　做麵包的材料很簡單，只要有麵粉、酵母粉及水就能開始動手做麵包，藉由水分將麵粉及酵母粉結合成糰，讓氣體膨脹產生發酵作用；以這幾樣基本材料為基礎，再添加或延伸一些不同特性的材料，就更能豐富麵包滋味；而「麵粉」是製作所有麵包不可或缺的材料，也是主導麵包品質的主要材料，麵粉中因蛋白質含量的高低，而區分成高筋、中筋及低筋麵粉，筋性越高的麵粉越能產生麵粉中特有的「麵筋」，也是影響麵包品質，甚至風味的因素之一。

除麵粉外，麵包中所添加的糖及鹽，也是重要的輔助性材料，用量雖少，但卻有助於麵糰發酵與增添麵包風味的功效。

本書僅以一般家庭方便取得的麵粉種類及各式材料來製作麵包，並以少量方便製作為原則，因此在短時間內即可趁新鮮食用完，並無口感變差之虞，因此書中的材料並未加入各式改良麵包品質的添加劑；事實上掌握好每個步驟的製作細節與方式，就能做出品質好的麵包；如為個人意願需要添加時，可依照各家廠牌的使用比例說明來添加。有關書中所使用的材料於P.26加以說明。

製作麵包的基本流程

因家庭少量製作，較容易控制製作品質，因此精簡工序後，省略「翻麵」與「延續發酵」的動作，流程如下：

秤料 → 攪拌 → 基本發酵（第一次發酵）→ 分割 → 滾圓 → 鬆弛（中間發酵）→ 整形 → 最後發酵 → 烘烤前裝飾 → 烘烤 → 烘烤後裝飾

秤料

• 秤料的意義

無論是手工揉麵，或是利用攪拌機來製作麵包，正確的秤出所有材料是製作麵包的基本要求，萬一「**秤料**」的誤差過大，會影響麵糰攪拌的效果。

• 秤料的重點

1. 最好選用以1公克為單位的電子秤，會比顯示刻度的磅秤好用又精確。

2. 本書中的蛋液完全以「**去殼後的淨重**」來計量。

3. 通常量少的乾料（例如：即溶酵母粉、可可粉、咖啡粉及抹茶粉等），可利用標準量匙計量（**圖1**）但需注意乾性的粉狀材料需與量匙平齊。（**圖2**）

＊8即溶酵母粉用量的換算與標示如：

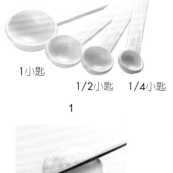

1大匙

1小匙

1/2小匙　1/4小匙

1

1 克 = 1/4小匙	2 克 = 1/2小匙
3 克 = 1/4小匙 + 1/2 小匙	
4 克 = 1小匙	5 克 = 1又1/4小匙

2

＊標準量匙附有四個不同的尺寸：

> 1大匙（1 Table spoon即1T）
> 1 小匙（1 tea spoon即1t）或稱 1茶匙
> 1/2 小匙（1/2 tea spoon即 1/2t）或稱 1/2茶匙
> 1/4 小匙（1/4 tea spoon即 1/4t）或稱 1/4茶匙
> 書中使用的1/8小匙則取1/4小匙的一半即可

• 秤料的過程

　　將所有液體材料，例如蛋、水、牛奶等倒入攪拌缸內（**圖3**），再依序放入乾性材料，例如：麵粉、細砂糖、鹽、奶粉、起士粉、即溶酵母粉等（**圖4**）；另外將秤好的奶油放置一旁備用。

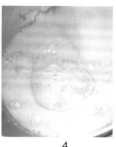

3　　　　　　　　4

攪拌

• 攪拌的意義

　　混合乾性材料（例如：麵粉、細砂糖、鹽及即溶酵母粉等）與濕性材料（例如：水、蛋液及牛奶等），經過不斷「**攪拌**」而形成製作麵包的「麵糰」。藉由充分攪拌讓麵粉與水達成水合作用時，會從初期黏稠性的麵糊慢慢成為較乾爽的麵糰，持續攪拌後所產生的麵筋擴展效應，使麵糰具有彈性及延展性，並呈現不同程度的細緻薄膜，既柔軟又光滑，利於操作，即是麵糰攪拌的適當狀態，就能製作好品質的麵包。

　　其次的意義就是經由攪拌作用，拌入空氣於麵糰之中產生氣室，也與接下來的發酵及烘烤的膨脹力有連帶影響。

　　因應各種不同屬性的麵包，其中添加的水分含量也有所差異，特別是書中的麵包有很多做法，甚至加入含澱粉質的不同食材，例如：裸麥粉、全麥麵粉、芋頭泥及麥片等，並以湯種方式製成麵糰，例如：P.49的芋泥奶香麵包、P.104的豆漿麥片土司及P.141的黑麥片八寶麵包等；以上這類型的麵糰，會出現不同程度的軟硬度與延展性，且不易出現透明細緻的薄膜，因此只要攪拌至光滑不黏手，同時可將麵糰拉開具有延展性即可。

• 攪拌的重點

1. 麵粉吸水性會受麵粉的新舊、品質、筋性強弱，甚至當時攪拌環境的乾、濕度的些許影響而有所差異，攪拌時可預留約5-10克的水分，最後視麵糰的軟硬程度或攪拌狀況再加入。

2. 開始攪拌時，奶油不可與其他材料同時加入混合，以免影響麵粉的吸水性與麵筋的擴展。

3. 除奶油外，所有材料陸續倒入攪拌缸內，先用慢速攪拌，混合乾、濕材料成為較粗糙的麵糰時，再改成中速繼續攪拌；應避免一開始就用中速，造成粉料四處飛散。

4. 麵糰持續攪拌的過程中，可試著停機檢視麵糰，稍具光滑狀即可加入奶油，用慢速攪入麵糰中，最後再視材料特性或麵包的需求，攪打成適當的狀態。

5. 攪拌時經由摩擦生熱或環境溫度所導致的麵糰溫度，是影響麵包品質的關鍵之一，萬一接下來發酵時間控制不當，最後成品的口感就會有不良的酸味。

6. 如有溫度計可試著掌握麵糰攪拌溫度在30℃以內，視當時攪拌時的環境溫度，如要避免麵糰溫度過高，可將液體材料冷藏降溫再操作。

7. 機器攪拌時，注意麵糰份量不可過多或過少，以免影響麵筋擴展時間。

8. 依麵糰重量與特性的不同，攪拌的時間並非一定，如書中麵糰大約12-25分鐘可攪拌完成。

• 攪拌的過程

以下是攪拌機攪拌麵糰的過程：

1. 除了奶油外，將所有材料陸續倒入攪拌缸內（**圖5**）。

2. 以慢速攪拌，混合乾、濕材料（**圖6**）。

3. 成糰後，改為中速攪拌，漸漸成為光滑麵糰（**圖7**）。

4. 麵糰的筋性出現，稍呈光滑狀後，此時準備加入奶油（**圖8**）：
   ＊用慢速將奶油攪入麵糰中，再改用中速繼續攪拌至麵筋擴展，同時麵糰具有延展性。
   ＊攪拌中如果麵糰被勾起，可用手將麵糰推離攪拌勾。
   ＊如果奶油的份量過多，可切成小塊冷藏後分次加入。

手工揉麵

量少的麵包製作，可藉由正確方式順利進行手工揉麵的搓揉動作，請看光碟示範。

  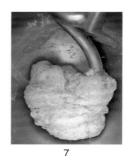 

5   6   7   8

5. 麵糰受環境溫度影響，有時仍呈濕黏狀（**圖9**）。

6. 可以慢速、中速交互運用攪拌，讓麵糰溫度降低，即易成糰（**圖10**）。

7. 麵筋擴展後，麵糰更具延展性，可拉出稍微透明的薄膜，適合製作一般的軟式麵包（**圖11, 12**）。

＊有些麵糰添加粗顆粒或含黏性的配料時，只需攪拌至麵糰可用手拉開具有延展性且不黏手即可。例如：P.124紅麴蔓越莓麵包、P.127麩皮牛蒡麵包等。

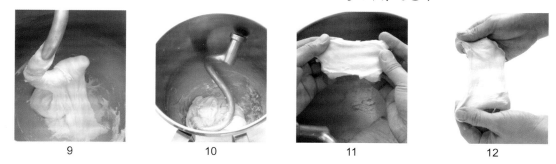

9　　　　　　10　　　　　　11　　　　　　12

8. 用雙手拉開麵糰兩邊，順著筋性輕輕延展，儘量拉到最大面積，如呈現大片透明的薄膜，則可製作出細緻並富於筋性的成品，適合製作體積大的土司類麵包（**圖13, 14, 15**）。

9. 麵筋完全形成後，此時的麵糰更加光滑，麵糰可輕易脫離攪拌缸（**圖16, 17**）。

10. 如麵糰內需要添加配料，例如：各式堅果、葡萄乾、蔓越莓等，必須在麵糰完成攪拌後才可加入，並用慢速將配料攪入麵糰中（**圖18**）；必須注意應依材料不同的特性，掌握攪拌時間，稍微拌合後即可取出用手搓揉均勻（**圖19**），以避免長時間攪拌，讓食材釋放水分，麵糰更濕黏而影響製作。

11. 需將麵糰整形成光滑面，不可將添加的材料暴露在麵糰表面（**圖20**）。

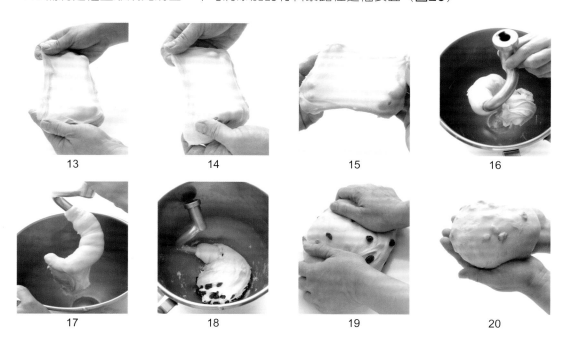

13　　　　　　14　　　　　　15　　　　　　16

17　　　　　　18　　　　　　19　　　　　　20

基本發酵（第一次發酵）

• 基本發酵的意義

　　攪拌完成的麵糰，開始進行「**基本發酵**」的階段，這個過程使麵糰內部產生二氧化碳氣體，同時體積漸漸膨脹；理想的發酵應控制適當溫度與時間，最後的成品即會呈現自然的香氣。如果為了趕時間快速發酵，而將麵糰置於高溫環境中，或是疏忽發酵狀態而時間過長，都會讓麵包的口感產生不良的酸味。

　　由於書中的材料都以少量製作，因此並未在基本發酵的過程中，讓麵糰「翻面」再進行「延續發酵」的動作。

• 基本發酵的重點

1. 一般家庭大多無控溫控濕的發酵箱，進行任何階段的發酵時，只要放在室溫下進行即可。
2. 麵糰發酵前需蓋上保鮮膜，以防止水分被蒸發而使麵糰表面結皮，才不至影響麵包口感。
3. 麵糰攪拌完成，除在室溫下進行發酵外，也可將麵糰放入冷藏室慢慢發酵約10-12小時，但記得在進行下一個動作（分割、滾圓）前1-1.5小時，需將麵糰從冷藏室取出回溫。
4. 發酵時環境溫度的高低與發酵時間成反比。切記：在溫度低的環境中慢慢發酵遠比在溫度高的環境中快速發酵要好。
5. 當發酵時的環境溫度過低（如寒流來襲時），但又不希望將發酵時間拖得太長，則可將麵糰置於微波爐或保力龍盒等的密閉空間內，只要在內部放一兩杯熱水，即可營造發酵環境。
6. 發酵時的環境溫度與時間無法掌握時，除靠視覺觀察麵糰外觀比原來大1.5-2.5倍外（視不同性質麵糰有所不同），也可用手指沾點麵粉再輕壓麵糰表面，視所呈現的凹洞狀態來檢視發酵是否完成：
   ＊凹洞立即恢復呈平面狀，表示發酵不足。
   ＊凹洞的形狀繼續存在，表示發酵完成。
   ＊凹洞會慢慢下沉，原來膨脹的麵糰慢慢萎縮，表示發酵過度。
7. 參考：基本發酵的溫度約28-30℃，相對溼度約75-80%。

• 基本發酵的過程

1. 用小刮板劑出攪拌缸內攪拌完成的麵糰，必須用手將麵糰整成光滑狀（**圖21, 22**）。
2. 放入容器內，並蓋上保鮮膜，開始進行基本發酵（**圖23**）。
3. 如麵糰內有添加配料，必須均勻的揉至麵糰中；呈現光滑的外表，再放入容器內，並蓋上保鮮膜，開始進行基本發酵（**圖24**）。

| 21 | 22 | 23 | 24 |

分割

● 分割的意義

　　麵糰基本發酵完成後，如果需要分成數等份來烘烤，就必須以等量來「**分割**」麵糰，才不至於大小不一，而造成烘烤時間的差異。但有時整個麵糰不予分割，欲做大尺寸的圓形麵包時，只需從容器內取出基本發酵後的麵糰，再整形成光滑外觀（即P.18的**圖31，大麵糰滾圓方式**），即可開始進行最後發酵，例如：P.114的鄉村麵包。

　　另外一種情形則是麵糰不需事先分割，待整形或鋪完內餡後，才進行分割動作；例如：P.77的金黃沙拉麵包及P.48的香橙麵包捲等。

● 分割的重點

1. 麵糰分割前，需先秤出總重量的公克數，再除以欲分割的個數，例如：秤出麵糰總重是545克，如分成6個，即每份麵糰約90-91克。
2. 用刮板從容器內剷出發酵後的麵糰，用手將麵糰輕輕拉成長條狀，再用刮板切割麵糰並秤重。
3. 麵糰做完造型或鋪完內餡才開始分割時，就不需將每份小麵糰秤重，因此切割時必須注意拿捏每個麵糰的份量。

● 分割的過程

1. 秤出麵糰總重（**圖25**）。
2. 分割：利用刮板切割麵糰，再秤出每份小麵糰的重量（**圖26**）。

滾圓

● 滾圓的意義

　　當麵糰被分割成數小塊時，外形呈不規則狀，因此必須重新將麵糰整成光滑的圓球形，即稱為「**滾圓**」。滾圓後的麵糰既能當做成品造型，也能順利進行接下來的整形工作。

| 25 | 26 |

- **滾圓的重點**
  1. 滾圓時不要隨意在工作檯上撒麵粉，才容易進行滾圓動作；但有些麵包因外形特性而沾滿麵粉，也是在滾圓之後再做裹粉動作，例如：P.112的德式裸麥麵包及P.114的鄉村麵包等。
  2. 無論滾圓的麵糰大小，都需注意表面應呈光滑狀，同時要將鬆散的底部確實黏緊。
  3. 無論整大塊的麵糰或分割後的小麵糰，滾圓後如不再做造型，更需做好滾圓動作，最後的成品才會美觀；例如：P.114的鄉村麵包、P.73的照燒豬肉堡及P.118的德式小餐包等。
  4. 有時麵糰會先整成長條型再分割（例如：P.77的金黃沙拉麵包）， 或是待整大塊麵糰鋪完內餡後再分割（例如：P.48的香橙麵包捲），兩者都需將基本發酵後的整大塊麵糰先做滾圓動作。

- **滾圓的過程**
  1. **小麵糰的滾圓方式一：**
     手掌心輕輕扣住麵糰，在桌面輕輕轉幾圈，同時感覺麵糰組織變得較緊密（**圖27, 28**）。
  2. **小麵糰的滾圓方式二：**
     手掌直立以手刀方式，將麵糰往內移動，則會呈現光滑的圓球形（圖**29, 30**）。
  3. **大麵糰的滾圓方式：**
     雙手勾在麵糰前端往內移動，麵糰即會被捲成光滑的表面（圖**31**）。

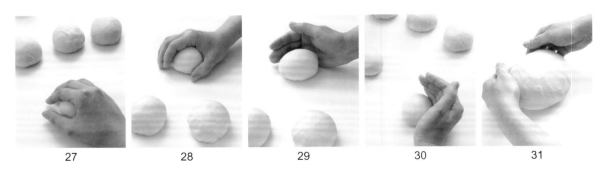

| 27 | 28 | 29 | 30 | 31 |

鬆弛（中間發酵）

- **鬆弛的意義**

  　　滾圓後的麵糰，內部的空氣被擠壓排出，而失去原有的延展性與柔軟度，觸感變得非常緊繃，因此需要靜置片刻好讓麵筋「鬆弛」，才方便進行接下來的整形工作，一般在烘焙術語上即稱為「**中間發酵**」；但為了避免新手製作麵包時，會將不同階段的發酵名詞混淆或有疑慮，因此為了明確指示這個動作的意義與目的，本書中的做法敘述一律定義為「**鬆弛**」。

• 鬆弛的重點

1. 待鬆弛的麵糰，放在檯面上，也需要蓋上保鮮膜。
2. 麵糰鬆弛的時間，也受當時環境的溫、溼度所影響；判斷鬆弛是否完成，也可依照基本發酵的重點說明，用手指輕壓麵糰，如所呈現的凹洞不會立即恢復即可。
3. 如滾圓後的麵糰，要當成最後成品造型，就省略鬆弛的步驟，直接進行最後發酵階段。

• 鬆弛的過程

麵糰鬆弛時（中間發酵），放在檯面上，也需要蓋上保鮮膜（**圖32**）。

32

整形

• 整形的意義

進入「**整形**」階段，也就是要將麵糰做出造型，來表現麵包的成品外觀；麵糰的柔軟度與延展性足以造就多樣式的麵包，這也是製作麵包的樂趣所在。

綜觀麵糰整形後的呈現方式，大致分成兩大類：一是麵糰裝入模型內烘烤，例如：P.44奶酥捲、P.90白土司及P.83咖哩堡等；二是麵糰不入模型，直接放在烤盤上烘烤，例如：P.42橄欖形酥香麵包、P.78青醬起士麵包及P.64蔓越莓乳酪麵包等。無論以何種方式呈現，都需靠著雙手依據不同需求在基本手法下完成。

藉由不同的整形，能呈現成品組織不同的層次感與品嚐樂趣。

• 整形的重點

1. 儘量要大小一致、樣式統一、放在同一烤盤上烘烤，較能控制烘烤效果。
2. 麵糰整形後的接合處一定要黏緊，以免烘烤後的麵糰被撐開。
3. 整形好的麵糰，要接著放入烤盤內或裝入烤模內，並要注意麵糰的正面與底部需確實放好。
4. 未入模型的麵糰，需根據造型與大小，鋪排在烤盤適當的位置，並預留發酵與烘烤後的膨脹空間。
5. 整形好的麵糰放入烤盤時，就應掌握好適當的位置，要避免任意移動，才不會破壞麵糰外觀。
6. 麵糰整形可隨個人的想法或創意，在麵糰延展性與柔軟度範圍內，任意做造型，並非要照著書中指示來完成整形工作。

• 整形的過程

熟練以下的基本整形方式，再配合擀、壓、搓、揉、捲、捏、剪、編、扭、切等各種手法，即可延伸成書中的所有造型。

圓球形

整形方式 ▶ 麵糰滾圓完成後，即成基本的圓球形。

麵糰利用 ▶ 麵包的基本造型，或延伸成以下的形狀。

圓餅形

整形方式 ▶ 先用手掌將圓球形麵糰輕輕壓扁，再用擀麵棍從麵糰的中心點向四周擀開即成圓餅形。

麵糰利用 ▶ 可當成麵包造型或是包餡時使用。

橢圓形

整形方式 ▶ 先用手掌將圓球形麵糰輕輕壓扁，再用擀麵棍由麵糰的中心點分別向上、下擀開即成橢圓的形狀。

麵糰利用 ▶ 包餡時使用，也是製作橄欖形、長條形、圓柱體前的基本手法。

正方形（或長方形）

整形方式 ▶ 用雙手將橢圓片的麵糰，輕輕拉開四個角，慢慢的向四面擀開即成正方形或長方形。

麵糰利用 ▶ 包餡時使用，或是再整形成圓柱體。

橄欖形

整形方式 ▶ 從橢圓形麵糰的窄處開始向內捲，並將麵糰尾端確實黏緊即成橄欖形。

麵糰利用 ▶ 麵包常用的基本造型。

長條形

整形方式 ▶ 從橢圓形麵糰的長處開始向內捲，並將麵糰尾端確實黏緊，接著在桌面上搓揉數下，可以達到需要的麵糰長度與均勻度；另外還可用雙手將麵糰兩端刻意搓揉，而呈現兩頭尖的長條形。

麵糰利用 ▶ 可當成麵包的造型，還可編成辮子、麻花等。

圓柱體

整形方式 ▶ 將擀好的正方形或長方形麵糰輕輕捲起，並將麵糰尾端確實黏緊即成圓柱體。

麵糰利用 ▶ 可當成麵包的造型，或是縱切成兩半時，可編麻花造型。

特殊形

整形方式 ▶ 將麵糰整形成圓球形，再延伸出不同形狀。

麵糰利用 ▶ 例如金牛角、葉形烤餅、軟Q甜甜圈。

最後發酵

• 最後發酵的意義

與滾圓後麵糰需要鬆弛的意義一樣，麵糰經過整形後，又變成緊繃狀態，因此需要再發酵，好讓麵糰內充滿氣體再度膨脹，即是麵糰進烤箱前的「**最後發酵**」。

隨著環境溫度不同而影響最後發酵的速度；特別要注意的是，這個階段的發酵，左右成品外觀的優劣、組織的蓬鬆度與彈性。最後發酵不足，麵包體積小，內部組織緊密，失去應有的彈性與細緻；如果發酵過度，即呈孔洞粗大的組織，也會有不良的酸味，因此最後發酵掌控好，才能確保品嚐風味與口感。

• 最後發酵的重點

1. 無論烤盤上的麵糰或烤模內的麵糰，都必須蓋上保鮮膜，以避免整形好的麵糰表皮被風乾，除非整形後的麵糰表面已覆蓋食材，例如：各式粉料、酥鬆粒、芝麻等，或是已鋪上餡料、刷上蛋液等，則可不必蓋上保鮮膜。
2. 因為麵糰造型、大小、材料及環境溫度的各種差異，最後發酵的速度與外形變化並非固定的，本書做法中的最後發酵時間僅當成是參考值。
3. 用目測法掌握最後發酵完成後的麵糰大小，一般來說要比末發酵前大1.5 -2倍，除非要求特殊口感的麵包，則可在短時間內結束最後發酵，例如：P.156的金牛角，或是特殊做法的麵包，也省略最後發酵的過程，例如：P.154的貝果。
4. 用觸覺法檢視最後發酵的狀態，如P.16的基本發酵重點說明。
5. 參考：最後發酵的溫度約32-38˚C，相對溼度約80-85%。

• 最後發酵的過程

1. 請注意最後發酵的重點說明。
2. 依個人烤箱的預熱時間長短，需在最後發酵過程中，開始預熱烤箱。

烘烤前裝飾

麵糰整形後，除了造型賦予的視覺效果外，還可進一步做些裝飾動作，一來美化成品外觀的亮麗色澤，二來可增添不同的風貌與品嚐滋味，一般常用的裝飾方式如下：

• (刷) 蛋液

本書做法中所指的「蛋液」，就是全蛋（包含蛋白與蛋黃）攪散後的蛋液。當麵糰在最後發酵完成後，要送入烤箱烘烤時，即可開始進行刷蛋液的動作，或是依麵糰特性刷上蛋白（例如：P.76的墨魚香蒜麵包），或刷上蛋黃（例如：P.62的三味小波蘿）。以上三種方式（蛋液、蛋白、蛋黃），所呈現的成品色澤與效果都不同，但都須注意，刷的

時候要均勻、厚薄一致，才不會影響成品的上色程度。

　　如要蛋液細緻易操作，可先用網篩過濾後再使用；書中的材料內並無列出「蛋液」，烘烤前要另行備妥。

- **撒** 酥鬆粒、杏仁粒、芝麻、杏仁片等

　　刷完蛋液後，有時會在麵糰表面撒些細顆粒的東西，以增添裝飾效果或品嚐滋味，例如：P.43的鮮奶油麵包撒酥鬆粒、P.48的香橙麵包捲撒杏仁粒、P.75的黑胡椒麵包撒黑芝麻等。

> **酥鬆粒**
>
> 呈小顆粒狀的油酥糰，是用奶油、麵粉、糖粉等混合而成，因其口感、外型的特性，取名為「酥鬆粒」（傳統稱呼有「沙波羅」或「酥波羅」）。材料與做法請看P.43的鮮奶油麵包。

- **沾** 酥鬆粒、杏仁粒、芝麻、麥片、麵粉等

　　將需要沾裹在麵糰上的材料，放在容器內或保鮮膜上面，當麵糰刷完液體材料後，即可用手抓著麵糰底部直接沾裹，如此的方式即可呈現大片面積的覆蓋，例如：P.137黑芝麻粉麵包、P.135的麥片麵包及P.112的德式裸麥麵包等。

- **切** 刀口

　　麵糰經過擀、壓、搓等各種整形動作後，麵筋變得緊縮，雖然經過發酵鬆弛，但有時會因受熱膨脹，使得麵糰側邊或底部被撐開；因此，在最後發酵過程中，必須用銳利的尖刀輕輕的在麵糰表面切出適當深度的刀口，接著讓麵糰繼續發酵片刻，呈現較開的刀口後，才開始烘烤，例如：P.79的海苔起士麵包。另外也可利用剪刀在麵糰表面剪出刀口，同樣具有防止麵糰裂開與裝飾效果，例如：P.64的蔓越莓乳酪麵包。

- **噴** 水

　　麵糰表面噴上均勻的水氣後，即立刻烘烤受熱，欲製造麵糰表面瞬間糊化的效果，最後的成品表面不易上色，卻有異於刷蛋液的光澤度，同時也可稍微改善成品表皮過厚的缺點，雖然如此做法的效果無法與蒸氣烤箱相提並論，但總是家庭DIY製作麵包的樂趣（例如：P.120的羅勒麵包）。噴水時，要注意水氣的量不可過多，呈霧氣狀最好，噴水前、後的麵糰，都不需再刷任何蛋液。

　　另外，以熱水川燙麵糰，同樣具有異曲同工之妙，例如：P.118的德式小餐包與P.154的貝果。麵糰無論噴水或川燙之後，都不需再發酵，應立刻烘烤。

烘烤

• 烘烤的意義

　　將麵糰變成麵包，「**烘烤**」是整個流程的最後重頭戲，如果已掌握前面的攪拌與發酵的相關細節，萬一疏忽烘烤的重要性，也會前功盡棄，烘烤結果無論「過」與「不及」，都算是瑕疵成品。

• 烘烤的重點

1. 烘烤任何麵包，烤箱都必須先預熱；在最後發酵進行中，即需開始將烤箱預熱。
2. 依麵糰性質與大小，烘烤溫度與時間並非一定，本書中的烘烤溫度與時間，是根據當時製作的麵包造型、大小及烤箱性能所設定的數據，僅供參考。
3. 特別要注意：烘烤時間隨著麵糰的大小略有不同，例如：P.42的橄欖形酥香麵包分割為8等份，需時18分鐘，如只分割成4等份，則應延長幾分鐘，並依個人當時烘烤的狀況調整火溫與時間。
4. 除了注意烘烤溫度與時間外，同時必須靠觀察來了解麵糰的烘烤狀態，才能判斷適當的出爐時機。
5. 麵糰經過烘烤受熱後，體積又會明顯膨脹，表面也漸漸上色，而達到理想的色澤，同時散發一股麵包特有的香氣。
6. 檢視麵包是否烘烤完成，可用手輕壓表面或側腰，如麵糰具有彈性，不會呈現凹洞或黏合狀，即可出爐。
7. 烘烤完成的麵包，需立刻移出烤箱外，不可用餘溫繼續燜，以免成品上色過深、水分流失過多，造成口感粗硬。
8. 出爐後的成品，最好立刻放在網架上冷卻。

• 烘烤的過程

　　麵糰在烘烤的過程中，因以下的各種因素影響，使得上色速度與成品色澤有所不同：

1. **因不同的材料屬性所影響**：例如：P.53的黑糖薑汁麵包內含紅糖（黑糖）；例如：P.82的番茄起士麵包因內含番茄糊，麵糰底部都非常容易上色，因此需特別注意下火溫度；例如：P.64的蔓越莓乳酪麵包，糖量低且內含蛋白，因此烘烤時麵糰不易上色。
2. **因烤箱的性能所影響**：於烘烤過程中，如出現不均勻的上色狀態時，可將烤盤裡、外邊掉換位置。
3. **因麵糰大小所影響**：需隨時注意體積大的麵糰，在烘烤過程中如表面已上色，須適時蓋上鋁箔紙，以免上色過深，例如：P.46的金黃大麵包與P.96的優格波蘿土司。

4. 因不同材質的烤模所影響：麵糰的上色速度也有差異，例如：鐵弗龍烤模上色最快且均勻，鋁合金烤模與紙模都不易上色，因此需依模型的特性來調整烤箱的溫度。

烘烤後裝飾

　　麵包出爐待冷卻後，會依需要撒上糖粉，除具有裝飾效果外，還可增添麵包特有的意義，例如：P.124的紅麴蔓越莓麵包、P.144的潘多洛及P.146的史多倫麵包等。

●● 製作好吃麵包的三個關鍵

　　綜觀以上麵包製作流程，每一環節都有其重要性，每個階段也互相牽連影響，確實掌握好三個關鍵：攪拌、發酵、烘烤，即能做出好品質的麵包；換言之，萬一出現瑕疵成品，也絕非只有單一因素所造成。

> **注意**
>
> **攪拌**至適當狀態 → **發酵**要足夠 → **烘烤**要注意溫度、時間與成品狀態。

●● 麵包的品嚐

　　確實，面對熱騰騰剛出爐的麵包，最能誘人食指大動，甚至迫不及待想要咬上一口；然而剛從烤箱取出的麵包，飽含著氣體，在組織尚未穩定情況下，缺乏應有的彈性與質地，同時也無法顯現麵包該具備的口感、風味與香氣；因此，必須等到麵包完全冷卻後，才是最佳的品嚐時機。

　　無論是包著各式餡料的軟式麵包、組織綿細的各類土司，還是紮實具嚼感的硬式麵包，都各有不同的品嚐口感與風味；除了幾款特殊風味的麵包，必須放置一段時間才更加美味外（例如：史多倫、潘妮托妮），對大多數麵包而言，都需要在最新鮮狀態下食用，除此之外，針對不同類別的麵包，搭配各式沾料、果醬或抹著奶油一起食用，可提升不少品嚐風味；像是佛卡恰、拖鞋麵包及德式小餐包等，沾著橄欖油與陳年酒醋所調和的醬汁，更具加分作用。

●● 麵包的保存

　　麵包出爐冷卻後，如果持續暴露在空氣中，會漸漸失去水分，表皮變得乾硬，內部組織也出現粗糙現象，為確保麵包的新鮮度，需將冷卻後的麵包立即予以包裝，或是密封後冷凍保存；食用前，只需將麵包回溫，亦可用120℃烘烤約5-10分鐘，即可恢復麵包的柔軟度與口感。

本書使用材料 ┊ Ingredients

　　只要幾樣基本材料，就能做麵包，並可依材料取得的方便性，在合理範圍內，隨興變換材料，做出適合個人口味的麵包；以下即是本書中所使用的材料，歸類後簡單說明。

麵粉類　利用市面上較易取得的麵粉種類，以方便家庭DIY的麵包製作。

高筋麵粉
製作麵包的主要材料，蛋白質含量較高，所產生的麵筋，造成麵包特有的嚼勁與口感。

低筋麵粉
通常在製作軟式麵包時，添加適量的低筋麵粉，使得攪拌後的麵筋較軟，成品的嚼感減弱。

全麥麵粉（Whole Wheat Flour）
低筋麵粉內添加麩皮；加在麵包中，除增添風味外，另有不同的咀嚼口感。

裸麥粉
呈淺咖啡色的粉末狀，含豐富營養素與礦物質，不含筋性，需與高筋麵粉混合使用製作麵包，口感微酸；在一般烘焙材料店或雜糧店即有販售。

糖類　因不同種類的糖，成品會出現不同的色澤與風味，但多以細砂糖為主。

細砂糖
顆粒細小，較易融化於液體中；除增加麵包風味外，適量的糖分有助於麵包的發酵與烘烤中的上色程度。

金砂糖
又稱二砂糖，具有不同的風味與成品上色效果。

粗砂糖
顆粒較粗，常用在成品的裝飾，或突顯口感的特色時也會添加。

糖粉（Icing Sugar）
呈白色粉末狀，有些市售的糖粉內含少量的玉米粉，以防止結粒，易溶於液體中，通常在裝飾時使用。

黑糖
又稱紅糖，有濃郁的焦香味，使用前需先過篩。

蜂蜜（Honey）
天然的甜味劑，添加在麵包中，有特殊香氣並有上色的效果。

黑糖蜜（Molasses）
呈濃稠的黑色糖漿，常用在重口味的蛋糕或餅乾的製作；添加在麵包中，除增添風味外，並有上色效果。

酵母粉
目前市面上的酵母粉，大致有即溶酵母粉、新鮮酵母粉及乾酵母，本書以「即溶酵母粉」來做麵包，是三者之中最方便又快速的一種。

即溶酵母粉（Instant dry yeast）
又稱「快速酵母粉」或是「快發乾酵母」，一般烘焙材料店均有販售；用於麵包、包子等發麵類的點心中，可直接與其他材料混合攪拌使用，必須密封冷藏保存。

粉類
除主料麵粉外，額外添加一些調味性的各式粉料，以突顯麵包的口味變化，並具有不同色澤的視覺效果。

奶粉
添加在麵包中，增加產品風味，無論低脂或全脂均可。

椰子粉
椰子粉由椰子果實製成，加工後有不同的粗細，含食物纖維，可調理成餡料當成麵包夾心，或添加在麵包體中，增加風味。

糯米粉
含蛋白質與多種營養素，添加在麵包中，具軟Q的特殊口感。

咖哩粉

除製作中、西式料理外，添加在麵包中，具香氣與上色效果；另外，盒裝咖哩塊則可製作咖哩口味的餡料，在一般超市即有販售。

肉桂粉（Cinnamon Powder）

又稱「玉桂粉」，屬味道強烈的辛香料，添加在麵包中，具提味或調味效果。

起士粉

呈土黃色的粉末狀，通常添加於麵包、餅乾或蛋糕內，可增加風味；需在烘焙材料店購買，又稱乳酪粉，但與帕米善起士粉（Parmesan）為不同的產品。

海苔粉

呈綠色粉末狀，有明顯的海苔香，可增加麵包的風味，在一般烘焙材料店即有販售。

墨魚粉

具天然的黑色素，含蛋白質以及其他營養素，呈細緻的粉末狀，在一般烘焙材料店即有販售。

竹炭粉

竹子經高溫炭化而成，添入糕點中，以選用食用級竹炭粉為宜，一般烘焙材料店即有販售；竹碳粉含有礦物質、纖維素，可促進腸胃蠕動。

黑芝麻粉

由熟的黑芝麻研磨而成，市售的有含糖與不含糖兩種，添加在麵包內，以選用不含糖的為宜。

抹茶粉

抹茶粉含兒茶素、維生素C、纖維素及礦物質，為受歡迎的健康食材，添加在麵包中，增加風味與色澤，在一般烘焙材料店即有販售。

杏仁粉（Almond Powder）

杏仁粉由整粒的杏仁豆研磨而成，呈淡黃色，無味，常用於蛋糕或餅乾中，豐富口感與風味，並可調成麵包內餡。

無糖可可粉

內含可可脂，不含糖，口感帶有苦味，常用於各式西點的調味或裝飾；在一般烘焙材料店即有販售。

即溶咖啡粉

製作咖啡風味的各式西點的添加食材,加水或牛奶調勻後,即可直接使用。

薑母粉(Ginger Powder)

即罐裝的辛香料產品,呈土黃色粉末狀,常用在麵包、蛋糕或餅乾的調味,製成香料糕點;在一般超市即有販售。

蛋 添加在麵包中,具香氣、柔軟與上色效果。

全蛋

包含雞蛋中的蛋白與蛋黃,去殼後攪拌成均勻的蛋液,再秤出所需要的份量。

蛋白

含大量水分,並具有多種蛋白質,取代水分添加在麵包中,成品較不易上色,但具軟Q口感與彈性。

蛋黃

含天然卵磷脂,添加在麵包中,讓組織具柔軟效果,並呈自然的金黃色澤。

油脂 製作麵包添加適量的油脂,有助於提升風味與口感,但以天然油脂為首選。

無鹽奶油
(Unsalted Butter)

呈金黃色固態狀,為天然油脂,由牛奶提煉而成,製作各式西點時通常使用無鹽奶油,融點低,需冷藏保存。

橄欖油

除用在各式料理外,加在麵包中,具有特殊的風味。

堅果類 各式堅果在一般的烘焙材料店即有販售,須注意堅果都需冷藏保存,才可保鮮。

杏仁角

烘焙食品常用的堅果,是由整顆的杏仁豆加工切成的細粒狀,適合添加在麵包中,或用於麵包表面的裝飾。

杏仁片

是由整顆的杏仁豆切片而成，適合添加在麵包中，或用於麵包表面的裝飾。

核桃

烘焙食品常用的堅果，添加在麵包中時，無論烤熟與否，都各有不同風味。

南瓜子仁

呈綠色，口感酥脆，是糕點中常用的堅果食材之一，富含油脂，適合添加在麵包中，或用於麵包表面的裝飾。

松子

富含不飽和脂肪酸以及多種營養素，使用前最好先以低溫烘烤，才會釋放香氣。

五穀雜糧類

適合添加在麵包中，具特殊風味與口感，可儘量充分運用製成健康雜糧麵包。

麩皮

包圍在小麥的表層，呈咖啡色的細屑狀，添加在麵包中增加纖維質感與特殊香氣，在一般雜糧店即有販售。

小麥胚芽（Wheat Germ）

呈咖啡色細屑狀，除可直接調在牛奶中當作飲品外，還適合添加在麵包中，或用於麵包表面的裝飾，在一般超市即有販售。

即食燕麥片

加入滾水中即可食用，適合添加在麵包內或是表面裝飾，在一般超市即有販售。

小米

常用來熬粥，營養豐富，口感滑順；以小火煮軟後的顆粒，添加在麵包中，可品嚐出咀嚼的口感。

薏仁

薏仁能利尿消水腫，去除體內濕氣，並具美白功效；煮熟後的薏仁呈軟Q口感，添加在麵包中，具不同的咀嚼風味。

糙米

含有維生素B群及多種微量礦物質，使用前最好先用水浸泡，較易煮軟，在一般雜糧店即有販售。

綜合穀粒

即市售現成混合好的各式穀物，含燕麥片、葵瓜子、高粱、黑芝麻、白芝麻、小米及蕎麥等；亦可自行隨興組合，適合用於麵包表面裝飾。

黑麥片

含膳食纖維與多種營養素，較一般麥片略硬，使用前最好先用水浸泡較易煮軟，在一般雜糧店即有販售。

乾果類

各式的蜜漬水果乾，是做麵包不可或缺的配料，除增加風味外，更能突顯麵包甜美的好滋味。

葡萄乾

適合添加在麵包中，使用前需用蘭姆酒泡軟以增加風味。

蔓越莓乾

口感微酸微甜，呈暗紅色，如顆粒過大，使用前可先切碎。

杏桃乾

新鮮杏桃經糖漬加工製成，口感軟Q，使用前需切碎或切成條狀，再添加在各式麵糰中，增添風味。

龍眼乾（桂圓肉）

具補血功效，添加在麵包中，味道甜美，增加營養價值。

無花果乾

由新鮮的無花果糖漬加工製成，口感軟Q，風味甘甜，在一般的烘焙材料店即有販售，使用前需切成條狀。

新鮮蔬果類
應用根莖類的食材、柑橘類的水果，增添麵包的好口感與特殊風味，並可調理成各式的鹹味麵包。

冷凍什錦蔬菜豆
內含已煮熟的玉米粒、青豆仁及胡蘿蔔等，一般超市即有販售，需冷凍保存。

馬鈴薯
含澱粉的根莖類食物，含蛋白質與纖維，其中所含的天然酵素，讓麵包組織具柔軟效果。

南瓜
含各種營養素，並富含食物纖維，除可調理成餡料外，其中所含的天然酵素，讓麵包組織具柔軟效果。

芋頭
含澱粉的根莖類食物，具豐富的膳食纖維與各種營養素，有特殊香氣，除可調理成餡料外，其中所含的天然酵素，讓麵包組織具柔軟效果。

牛蒡
富含膳食纖維，可幫助腸胃蠕動，除當作一般料理外，切成細絲添加在麵包中，具特殊香氣與口感。

地瓜
含澱粉的根莖類食物，除各種營養素外，並富含食物纖維，除可調理成餡料外，其中所含的天然酵素，讓麵包組織具柔軟效果。

苜宿芽
除用於料理中的涼拌沙拉外，亦適用於麵包的夾心配料，在一般超市即有販售。

蜜漬類
經常使用的麵包配料，一般超市或是烘焙材料店即有販售，適合當成麵包餡料，既香甜又美味。

蜜紅豆
即市售真空包裝的產品，經熬煮蜜漬過後，呈完整的顆粒狀。

八寶豆
即市售真空包裝的產品，內含紅豆、綠豆、大花豆、蓮子等。

蜜花豆
即市售真空包裝的產品，經熬煮蜜漬過後，呈完整的顆粒狀。

糖漬桔皮丁

桔皮經過糖蜜加工所製成，微甜並有香橙味，常添加在麵包、蛋糕或餅乾麵糰中，增添風味。

綜合水果乾

除糖漬桔皮丁外，還內含其他顏色的蜜漬水果丁，是製作聖誕水果麵包或聖誕水果蛋糕的主要配料，在一般烘焙材料店即有販售。

加工肉品類 製作調理鹹味麵包時，經常使用的肉類加工品。

培根
呈長形薄片狀，在一般超市即有販售。

熱狗
呈條狀，在一般超市即有販售。需注意有些產品表面包著蠟紙，須撕掉後再食用。

臘腸
多為進口產品，選用任何口味均可。

香草類 製作香料麵包經常使用的各式香料；添加份量多寡，可隨個人口味酌量增減。

新鮮九層塔
為「羅勒」品種，味道濃郁，除用在中、西式料理外，切碎後製成青醬，用於義式料理或麵包調味。

乾燥巴西里（Parsley Leaves）
即市售的罐裝香草，又稱洋香菜葉，一般西式料理常用的香料，適合撒在麵包表面裝飾。

乾燥百里香（Thyme Leaves）
即市售的罐裝香草，一般西式料理常用的香料，亦適合添加在任何硬式麵包內。

乾燥月桂葉（Bay Leaves）
即市售的罐裝香草，常用於中、西式料理的香料，添加在醬汁中，味道甘醇並具提香效果。

乾燥羅勒葉（Basil Leaves）
即市售的罐裝香草，一般西式料理常用的香料，亦適合添加在任何硬式麵包內。

夾心類
製作軟式甜味麵包時，夾上各式不同風味的餡料，突顯麵包的口感層次與品嚐滋味。

耐高溫巧克力條
適合烘烤用，融點高，放在室溫保存即可，在一般烘焙材料店即有販售。

紅豆沙
即市售的產品，在一般烘焙材料店有售，如需長期保存，最好放在冷凍庫以確保新鮮。

黑糖麻薯
即市售的產品，在一般烘焙材料店有售，當作麵包夾心具Q軟口感，烘烤受熱後亦不融化。

耐高溫巧克力粒（Chocolate Chips）
進口產品，水滴形、微甜、耐高溫，經烘烤後也不易融化，最好選用小型顆粒來使用較佳。

抹茶麻薯
即市售的產品，在一般烘焙材料店有售，當作麵包夾心具Q軟口感，烘烤受熱後亦不融化。

乳製品類
麵包中添加各式乳製品，無論用來當成餡料，或是製成調理麵包，都非常適宜；提升不少品嚐風味與營養價值。

高融點切達乳酪
因切達乳酪不同的製程，即呈現高、低融點的產品；目前市售的高融點乳酪有分塊狀與顆粒狀的，兩者均可當作麵包餡料來使用，烘烤受熱後，不易融化成糊狀，在一般烘焙材料店即有販售。

切達起士片（Cheddar Cheese）
呈薄片狀，除用在三明治的製作外，可應用在各式西點中，增添濃郁的起士風味，當成麵包內餡較易融化；加在麵包中，可增添風味與麵包柔軟度。

披薩起士絲

一般市售的披薩起士絲，內含摩札瑞拉起士（Mozzarella）與切達起士兩種刨成細絲狀的起士，經高溫烘烤即會融化，除用於披薩外，製作鹹味麵包時使用，增添香氣與風味，在一般超市即有販售。

奶油乳酪
（Cream Cheese）

牛奶製成的半發酵新鮮乳酪，常用來製作乳酪蛋糕或慕絲，使用前需先從冷藏室取出回軟；加在麵包中，增添風味與麵包柔軟度，注意不可放冷凍庫保存。

帕米善（Parmesan）起士粉

為硬質乳酪，是由塊狀磨成粉末狀，除用在各式西式料理外，還用於各式西點中；加在麵包中，增添濃郁奶香味。

煙燻乳酪（Smoked Cheese）

即高達乳酪（Gouda）利用煙燻加工而成，氣味濃郁，屬於半硬質乳酪，可以切割或刨成絲狀；製成後以蠟紙包裹，食用時必須將蠟紙去除，開封後的切口，用保鮮膜包好，防止乾燥，並冷藏保存。用在麵包的表面裝飾，烘烤後具香脆的口感。

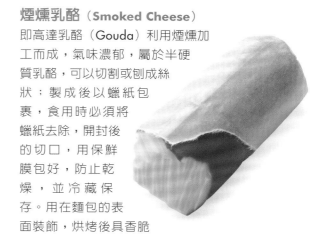

原味優格

為牛奶發酵製成的市售產品，呈固態狀，有各式口味，加入麵包中，增添風味與麵包柔軟度，宜選用原味的較佳。

調味料　將料理用的調味醬料，應用在麵包上，具有變換口味的效果。

番茄糊（Tomato Paste）

番茄糊是番茄的加工製品，為濃稠的糊狀物，常用於西餐料理中，用於麵包中可突顯風味，並增添上色效果，一般超市即有販售。

味噌

即一般日式料理中的調味食材，為米及大豆釀造的加工食品，略有鹹味，儘量選購質地細緻的來製作麵包較佳，添加在麵包中可增添風味，一般超市即有販售。

紅麴

為糯米及釀酢等製成的料理醬，常用於各式料理的調味或醃漬用，添加在麵包中除增添風味外，也會呈現天然的粉紅色澤，一般超市即有販售。

液體類 除了最常用到的「水」外，還可選用其他的液體材料，增添麵包風味與營養價值。

豆漿
含豐富營養，以其中的卵磷脂當成天然的乳化劑，讓麵包組織具柔軟效果。

動物性鮮奶油
（**Whipping Cream**）

為牛奶經超高溫殺菌製成（UHT），內含乳脂肪，不含糖，常用於慕絲或西餐料理上，風味香醇口感佳，加在麵包中，增添濃郁香醇風味，勿以植物性鮮奶油取代。

椰奶（**Coconut Milk**）

椰奶由椰肉研磨加工而成，含椰子油及少量纖維質，常用於甜點中增加風味。

紅葡萄酒
具營養與保健價值，宜選用不含糖分的紅葡萄酒來製作麵包較好。

蘭姆酒（**Rum**）
蘭姆酒酒精濃度40%，是以甘蔗為主要原料所製成的一種蒸餾酒，多用於各式西點中調味用。葡萄乾在使用前通常也以蘭姆酒浸泡變軟入味。

黑啤酒

含多種營養成分，素有「液體麵包」之美譽，添加在麵包中，具有特殊風味。

黑麥汁

不含酒精成分，呈咖啡色，在一般超市即有販售；添加在麵包中增添特殊風味與營養素，烤後的成品並具有上色效果。

本書使用工具 | Tools

輔助工具

橡皮刮刀
拌合濕性與乾性材料，並可刮淨附著在打蛋盆上的材料。

叉子
在麵糰上插洞或做造型時使用。

手動式電動攪拌機

手動式電動攪拌機可用來打發奶油糊、蛋糕或鮮奶油的小型攪拌機。

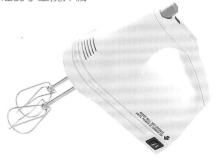

麵糰切割刀

為麵糰專用切割刀，或利用一般的刀片也可切割麵糰。

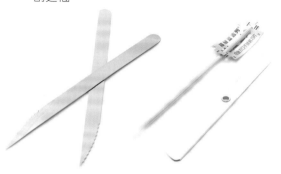

大、小刮板

大刮板：分割麵糰或整形時使用。
小刮板：可鏟出攪拌缸內攪拌完成的麵糰，或是刮除攪拌缸裡沾黏的麵糰。

8公升桌上型電動攪拌機

分三種不同的攪拌速度，製作麵包時，大多使用慢速及中速即可；可順利將麵糰攪拌完成，適合家庭DIY使用。

甜甜圈切割器

製作甜甜圈的麵糰切割器。

輪刀

用於切割餅乾麵糰的工具，如無法取得，也可用大刮板取代。

羊毛刷

需要刷水分或蛋液在麵糰上時使用。

擀麵棍
麵糰需延展攤平時使用。

籐籃
通常製作歐式麵包時，將麵糰置於籐籃內發酵，即可塑成固定的樣式。

各式烤模

A 不沾土司模
　21.7 x 9.4 x 7.7公分

B 12兩土司模
　19.7 x 10.6 x11 公分

C 圓土司不沾烤模
　圓徑8.3 x 28.7 公分

D 三角鹿背蛋糕模
　22.6 x 8.9 x 6.3 公分

E 波紋圓土司不沾烤模
　圓徑27 x 19.7 x 15 公分

F 八星菊花模
　17.3 x 13.1 公分

H 橢圓不沾烤模
11 x 8.3 x4.2 公分

I 正方形慕斯框
18 x 18 x 5 公分

G 咕咕霍夫烤模
15 x 9 公分

J 活動菊花派盤
16 x 14.3 x 2.3 公分

K 乳酪蛋糕模
21.4 x 10 x 5.5 公分

L 矮圓模
9.5 x 8 x 3.5 公分

M 中空烤模
18 x 6 公分

N 聖誕水果麵包紙模
圓徑10 x 9 公分

O 小花蛋糕模
7.9 x 5.4 x 4.7 公分

P 紙模
上 16 x 7 x 3.5 公分
下 8 x 3.5 公分

Q 塔模
7.1 x 4 x 2.1 公分

R 螺管圓徑
13.5 x 2.8 公分

S 三色麵包圈
11 x 11 x 3 公分

以軟綿的甜蜜口感、豐富的各式內餡，有別於其他麵包類別，特別富含較多的奶油或雞蛋，甚至足以增添香濃滋味的食材，也不可遺漏；料多味美讓人吃得好滿足，無論哪一款都是老少咸宜的熟悉滋味。

濃郁軟綿 甜味麵包

麵糰特性 ▶ 有些麵糰中添加一點低筋麵粉，藉以降低筋性程度，或是利用食材本身特性（例如：起士粉、鮮奶、優格、南瓜泥、芋頭泥、蛋黃等）讓麵包的咀嚼口感更加綿軟順口；揉好的麵糰可呈現稍微透明的薄膜即可。

烘烤方式 ▶ 除大體積的麵包（例如：金黃大麵包）以中溫烘烤外，其餘份量小的麵包，儘量以上火大、下火小的方式烘烤，並在短時間內完成。

橄欖形酥香麵包

參考份量 **8** 個

材料 ▶

A 高筋麵粉200克　低筋麵粉20克
　　細砂糖30克　鹽1/4小匙
　　即溶酵母粉3克（1/2小匙+1/4小匙）
　　起士粉5克　全蛋15克　水120克

B 無鹽奶油20克

C **油酥麵糊**（裝飾）：無鹽奶油40克
　　糖粉25克　低筋麵粉15克

做法 ▶

1 材料A全部混合，先用慢速攪拌成糰，再用中速攪成稍具光滑狀。

2 加入無鹽奶油用慢速攪入，再用中速攪成可拉出稍透明薄膜的麵糰。

3 麵糰放入容器內並蓋上保鮮膜，進行基本發酵約60分鐘。

4 麵糰分割成8等份，滾圓後蓋上保鮮膜，鬆弛約10分鐘。

5 麵糰整形成長約15公分的**橄欖形**（整形方式如P.21），放入烤盤蓋上保鮮膜，進行最後發酵約30分鐘。

6 **油酥麵糊**：無鹽奶油在室溫下軟化，加入糖粉用橡皮刮刀拌合均勻，再攪打呈鬆發狀，篩入麵粉用橡皮刮刀拌成麵糊狀。（**圖a**）

7 麵糰刷上均勻的蛋液（**圖b**），再將奶酥麵糊擠在麵糰表面。（**圖c**）

8 放入已預熱的烤箱中，以上火190℃、下火160℃烘烤約18分鐘。

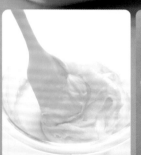
a

b

c

TIPS ▶

◆ 麵糰在進行基本發酵或是最後發酵的同時，即可開始製作油酥麵糊。

◆ 起士粉在一般的烘焙材料店有售，呈粉末狀，添入麵糰中可增加風味。

◆ 麵糰表面的奶酥麵糊可做任何的造型；也可利用一般塑膠袋來擠製。

材料 ▶

A 高筋麵粉200克　細砂糖30克
　　鹽1/4小匙　蛋黃1個（15-18克）
　　即溶酵母粉3克（1/2小匙+1/4小匙）
　　動物性鮮奶油100克　鮮奶40克
B 無鹽奶油20克
C 酥鬆粒（裝飾）：糖粉30克
　　低筋麵粉50克　奶粉5克
　　無鹽奶油40克

做法 ▶

1 材料A全部混合，先用慢速攪拌成糰，再用中速攪成稍具光滑狀。

2 加入無鹽奶油用慢速攪入，再用中速攪成可拉出稍透明薄膜的麵糰。

3 麵糰放入容器內並蓋上保鮮膜，進行基本發酵約80分鐘。

4 麵糰分割成6等份，滾圓後蓋上保鮮膜，鬆弛約15分鐘。

5 麵糰整形成長約28公分的**長條形**（圖**a**）（整形方式如P.21），再編成辮子狀（圖**b**），放入烤盤蓋上保鮮膜，進行最後發酵約30分鐘。

6 **酥鬆粒**：糖粉、低筋麵粉及奶粉混合均勻，再加入奶油用手輕輕搓成均勻的細小顆粒。（圖**c**）

7 麵糰表面刷上均勻的蛋液，再撒上均勻的酥鬆粒。放入已預熱的烤箱中，以上火190℃、下火160℃烘烤約20分鐘。

TIPS ▶

◆ 製作酥鬆粒時，無鹽奶油不需軟化，應保持凝固狀，搓揉時才不易融化黏手；剩餘的酥鬆粒裝入塑膠袋內，放在室溫下保存，也可冷藏長期保存。

◆ 麵糰編成辮子狀，不用刻意編得太緊密，手法自然即可；但須注意頭尾要確實黏緊。

◆ 動物性鮮奶油不含糖分，且味道香醇，勿以植物性鮮奶油代替。

鮮奶油麵包

參考份量 **2** 個

a

b

c

a b

c d

TIPS ►
◆麵糰在進行基本發酵的同時,即可開始
製作奶酥餡。
◆奶酥餡的用量不多,可利用橡皮刮刀來
製作。

奶酥捲

參考份量 **6** 個

烤模 ▼ 第39頁圖H

材料 ►

A 高筋麵粉150克　低筋麵粉50克
　　細砂糖15克　鹽1/8小匙
　　即溶酵母粉2克(1/2小匙)
　　起士粉5克　全蛋25克　水70克
　　動物性鮮奶油40克

B 無鹽奶油15克

C 奶酥餡:無鹽奶油30克　糖粉15克
　　鹽 1/8小匙　全蛋10克
　　奶粉50克　玉米粉1/2小匙

做法 ►

1 材料A全部混合,先用慢速攪拌成糰,再
　用中速攪成稍具光滑狀。

2 加入無鹽奶油用慢速攪入,再用中速攪
　成可拉出稍透明薄膜的麵糰。

3 麵糰放入容器內並蓋上保鮮膜,進行基
　本發酵約60分鐘。

4 奶酥餡:無鹽奶油在室溫下軟化後,加
　入糖粉及鹽,用橡皮刮刀拌合均勻,再
　分別加入全蛋、奶粉及玉米粉,用橡皮
　刮刀拌勻,分成6等份備用。

5 麵糰分割成6等份,滾圓後蓋上保鮮膜,
　鬆弛約10分鐘。

6 麵糰擀成長約16公分、寬約10公分的**長
　方形**(整形方式如P.20),翻面後將奶酥
　餡均勻的鋪平(**圖a**),輕輕捲成**圓柱體**
　(**圖b**),封口朝下從表面1/2處切到接近
　底部(**圖c**),切面朝上翻成兩個圓柱體
　放入烤模內。

7 用手輕輕將麵糰表面壓平,蓋上保鮮
　膜,進行最後發酵約30分鐘,麵糰表面
　刷上均勻的蛋液(**圖d**)。

8 放入已預熱的烤箱中,以上火180℃、下
　火190℃烘烤約18分鐘。

材料 ▶

A 卡式達醬：全蛋15克　細砂糖5克
　　高筋麵粉2小匙　鮮奶30克
B 即溶咖啡粉2小匙　水100克
　　高筋麵粉200克　細砂糖25克
　　鹽1/8小匙　即溶酵母粉2克（1/2小匙）
　　無糖可可粉1小匙
C 無鹽奶油20克
D 裝飾：蛋白20克　杏仁粒1大匙

做法 ▶

1 材料A的全蛋、細砂糖及高筋麵粉先用橡皮刮刀攪勻，再加入鮮奶用小火邊煮邊攪成糰狀，取出放涼蓋上保鮮膜，冷藏約60分鐘後備用。（**圖a**）

2 材料B的咖啡粉與水調勻，再與**做法1**的材料及材料B的其他材料全部混合，先用慢速攪拌成糰，再用中速攪成稍具光滑狀。

3 加入無鹽奶油用慢速攪入，再用中速攪成可拉出稍透明薄膜的麵糰。

4 麵糰放入容器內並蓋上保鮮膜，進行基本發酵約80分鐘。

5 麵糰分割成7等份，滾圓後蓋上保鮮膜鬆弛約10分鐘。

6 麵糰整形成長約30公分的**長條形**（整形方式如P.21），再做成反6字形（**圖b**），再繞成8字形（**圖c**），放入烤盤蓋上保鮮膜，進行最後發酵約25分鐘。

7 麵糰表面刷上均勻的蛋白液，撒上少許杏仁粒。

8 放入已預熱的烤箱中，以上火190℃、下火160℃烘烤約15分鐘。

咖啡麵包

參考份量

7

個

單元1-1

a

b

c

TIPS ▶

◆具造型的麵糰，注意勿發酵過度，成品輪廓才會清晰。

金黃大麵包

參考份量 2 個

烤模 ▼ 第38頁圖F

材料 ▶

A 高筋麵粉300克　細砂糖50克
　鹽1/2小匙　即溶酵母粉4克（1小匙）
　奶粉20克　冰水80克
　原味優格、蛋黃各60克
B 無鹽奶油50克　葡萄乾80克
C 油酥麵糰（裝飾）：無鹽奶油25克
　糖粉20克　低筋麵粉25克

做法 ▶

1 材料A全部混合，先用慢速攪拌成糰，再用中速攪成稍具光滑狀。

2 奶油切小塊分次加入用慢速攪入，再用中速將麵糰攪至光滑具延展性（圖a）。

3 加入葡萄乾用慢速攪勻（圖b），麵糰放入容器內並蓋上保鮮膜，進行基本發酵約90分鐘。

a

b

4 **油酥麵糰**：無鹽奶油在室溫下軟化後，
加入糖粉用橡皮刮刀拌合均勻，再加入
麵粉，用橡皮刮刀拌成麵糰狀，用保鮮
膜包好冷凍凝固備用（**圖c**）。

5 麵糰分割成2等份，滾圓後蓋上保鮮膜，
鬆弛約15分鐘。

6 麵糰擀成長約28公分、寬約14公分的**長
方形**（**圖d**）（整形方式如P.20），翻面捲
成**圓柱體**，再捲成圈狀（**圖e**）放入烤模
內（**圖f**）。

7 將麵糰表面輕輕壓平，蓋上保鮮膜，進
行最後發酵約60分鐘，麵糰發至模型8分
滿的高度。

8 麵糰表面刷上均勻的蛋液，將油酥麵糰
刨成細條狀直接撒在麵糰表面。（**圖g**）

9 放入已預熱的烤箱中，以上火160℃、下
火190℃烘烤約28分鐘。

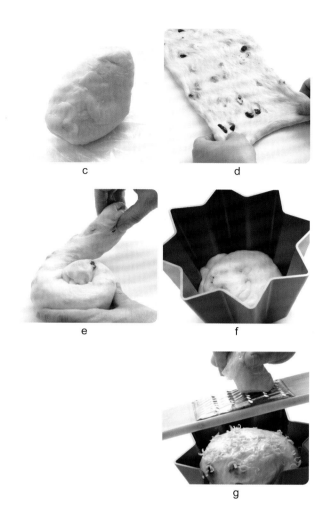

c

d

e

f

g

關於金黃大麵包

顧名思義，是一道黃澄澄的麵包，因其中添加了大量的蛋黃，而呈現誘人的色澤；這道麵包是利用P.144 潘多
洛的烤模所製作，並將入模後的麵糰撒上油酥麵糰裝飾當成正面，即與潘多洛有著大異其趣的不同外貌，然而
兩者均有濃醇、綿細的口感特色；如果願意挑戰特殊麵糰的攪拌，還可將材料中的原味優格、蛋黃、冰水改成
各70克，則成品的色澤與風味更加提升。

TIPS ▶

◆麵糰在進行基本發酵的同時，即可開始製作油酥麵糰。

◆刨油酥麵糰時，需用保鮮膜抓住麵糰，避免用手直接接觸，才不易讓麵糰軟化。

◆體積較大的麵包，烘烤過程如表面已呈金黃色，可用鋁箔紙覆蓋，以避免成品顏
色過深。

◆加入葡萄乾用慢速攪勻時，勿攪拌過久，以免摩擦生熱，麵糰產生黏性，最後可
用手再搓揉均勻。（**圖h**）

◆因為麵糰較濕黏，用冰水比較好操作。

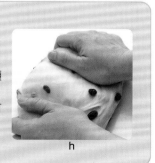

h

a

b

c

d

香橙麵包捲

參考份量 **8** 個

烤模 ▼ 第39頁圖 P

材料 ▶

A 高筋麵粉250克　細砂糖40克
　　鹽1/4小匙　即溶酵母粉4克（1小匙）
　　全蛋55克　柳橙原汁100克

B 無鹽奶油15克　柳橙皮屑1小匙
　　糖漬桔皮丁100克

C 裝飾：杏仁粒 1大匙

做法 ▶

1 材料A全部混合，先用慢速攪拌成糰，再用中速攪成稍具光滑狀。

2 加入無鹽奶油、刨入柳橙皮屑（**圖a**），用慢速攪入麵糰中，再用中速攪成可拉出稍透明薄膜的麵糰。（**圖b**）

3 麵糰放入容器內並蓋上保鮮膜，進行基本發酵約80分鐘。

4 取出麵糰滾圓，蓋上保鮮膜鬆弛約15分鐘。

5 麵糰擀成長約28公分、寬約22公分的**長方形**（整形方式如P.20），翻面後鋪上均勻的糖漬桔皮丁（**圖c**），用手輕輕壓平再捲成**圓柱體**。

6 圓柱體麵糰切割成8等份（**圖d**），切口朝上放入紙模內，蓋上保鮮膜進行最後發酵約30分鐘。

7 麵糰表面刷上均勻的蛋液，再撒上適量的杏仁粒。

8 放入已預熱的烤箱中，以上火180℃、下火190℃烘烤約18分鐘。

TIPS ▶

◆捲麵糰時應儘量密合，切塊後的麵糰才不會鬆散。

◆材料B的柳橙皮屑是指柳橙的表皮部分，注意勿刨到白色筋膜，以免苦澀。

材料 ▶

A 芋泥麵糰（湯種）：芋頭泥20克　高筋
　麵粉10克　水50克

B 高筋麵粉210克　細砂糖20克
　即溶酵母粉3克（1/2小匙+1/4小匙）
　鹽1/4小匙　水95克

C 無鹽奶油15克

D 內餡：芋頭泥150克　無鹽奶油15克
　金砂糖（二砂糖）20克

E 酥鬆粒（裝飾）：糖粉30克　奶粉5克
　低筋麵粉50克　無鹽奶油40克

做法 ▶

1 材料A全部混合，先用橡皮刮刀攪拌均勻
（圖**a**），再用小火邊煮邊攪成糊狀（圖
b），取出放涼，蓋上保鮮膜，冷藏約60
分鐘後備用。（圖**c**）

2 做法**1**的材料和材料B全部混合，先用慢
速攪拌成糰，再用中速攪成稍具光滑
狀。

3 加入無鹽奶油，用慢速攪入麵糰中，再

繼續用慢速攪成具延展性麵糰。

4 麵糰放入容器內並蓋上保鮮膜，進行基
本發酵約80分鐘。

5 內餡：芋頭泥趁熱加入金砂糖及無鹽奶
油攪拌均勻，分成6等份備用。

6 麵糰分割成6等份，**滾圓**後直接包入內
餡，放入烤模內，蓋上保鮮膜進行最後
發酵約30分鐘。

7 麵糰刷上均勻的蛋液，再撒上適量的酥
鬆粒，放入已預熱的烤箱中，以上火190
℃、下火180℃烘烤約18分鐘。

TIPS ▶
◆酥鬆粒的製作方式請看鮮奶油麵包的**做法**
6（P.43，圖**c**）。
◆麵糰內含芋頭泥，注意勿攪拌過度，否則
麵糰會出現濕黏狀況，可同時用慢速配合
攪拌。
◆芋頭去皮切小塊再蒸熟，趁熱用叉子壓成
泥狀；材料A與材料D的芋頭泥共需170
克，蒸熟前後重量的差距不大，可同時蒸
熟使用。

芋泥奶香麵包

參考份量 **6** 個

烤模 ▼ 第39頁圖○

a

b

c

TIPS ▶
◆利用鋸齒刀用鋸的方式即可輕易切割麵糰。

杏仁片麵包

參考份量 **6** 個

單元1-2

材料 ▶

A 切達起士片1片　高筋麵粉250克
　　細砂糖25克　鹽1/2小匙
　　即溶酵母粉4克（1小匙）　全蛋30克
　　水120克
B 無鹽奶油20克
C 內餡：杏仁片60克　細砂糖20克
　　無鹽奶油（使用前融化）10克

做法 ▶

1 切達起士片用手撕碎，與材料A的其他材料全部混合，先用慢速攪拌成糰，再用中速攪成稍具光滑狀。

2 加入無鹽奶油用慢速攪入，再用中速攪成可拉出稍透明薄膜的麵糰。

3 麵糰放入容器內並蓋上保鮮膜，進行基本發酵約80分鐘。

4 內餡：杏仁片以上、下火120℃烘烤約10分鐘，放涼後用手捏碎，加細砂糖拌勻備用。

5 取出麵糰滾圓，蓋上保鮮膜鬆弛約15分鐘，擀成長、寬約25公分的**正方形**（整形方式如P.20），翻面後先刷上融化奶油，再鋪上均勻的內餡，用手輕輕壓平後捲成**圓柱體**。

6 圓柱體麵糰切割成6等份，將每份麵糰從表面1/2處切到接近底部，接著將切口翻開內部朝上，放入烤盤蓋上保鮮膜，進行最後發酵約30分鐘。

7 刷上均勻的蛋液，放入已預熱的烤箱中，以上火190℃、下火160℃烘烤約20分鐘。

材料 ▶

A 蜜核桃：細砂糖30克　水20克
　　核桃85克　無鹽奶油10克

B 高筋麵粉250克　細砂糖30克
　　鹽1/2小匙　蛋黃50克
　　即溶酵母粉3克（1/2小匙+1/4小匙）
　　冰水110克

C 無鹽奶油20克

做法 ▶

1 **蜜核桃**：細砂糖加水用小火邊煮邊攪至糖融化且沸騰，倒入核桃繼續邊煮邊攪，直到外表沾裹白色糖霜時（**圖a**），即加入奶油（**圖b**），核桃呈咖啡色即熄火。（**圖c**）

2 蜜核桃鋪排在烤模的底部備用。（**圖d**）

3 材料B全部混合，先用慢速攪拌成糰，再用中速攪成稍具光滑狀。

4 加入無鹽奶油用慢速攪入，再用中速攪成具延展性麵糰。

5 麵糰放入容器內並蓋上保鮮膜，進行基本發酵約80分鐘。

6 麵糰分割成2等份，蓋上保鮮膜鬆弛約15分鐘。

7 麵糰整成長約30-35公分的**圓柱體**（整形方式如P.21），放入**做法2**的烤模內，用手輕輕壓平，蓋上保鮮膜進行最後發酵約60分鐘。

8 麵糰表面刷上均勻的蛋液，放入已預熱的烤箱中，以上火180°C、下火190°C烘烤約28分鐘。

TIPS ▶

◆蜜核桃放涼後，會呈沾黏狀況，只要用手輕輕掰開即可。

◆材料中內含大量蛋黃，攪打時易摩擦生熱，出現沾黏狀況，可事先將蛋黃冰鎮再使用，並以慢速及中速交互運用，即可順利攪成具延展性麵糰。

焦糖核桃麵包

烤模 ▶ 第39頁圖G

參考份量 2 個

a

b

c

d

南瓜乳酪麵包

參考份量 **6** 個

材料 ▶

A 高筋麵粉200克　低筋麵粉60克
　細砂糖35克　鹽1/4小匙
　即溶酵母粉4克（1小匙）　全蛋35克
　鮮奶35克　水35克

B 南瓜泥65克　無鹽奶油20克

C 內餡：高融點切達乳酪（Cheddar
　Cheese）90克

D 裝飾：披薩起士絲50克

做法 ▶

1 材料A全部混合，先用慢速攪拌成糰，再
　加入南瓜泥用中速攪至稍呈光滑狀。

2 加入無鹽奶油用慢速攪入，再用中速攪
　成可拉出稍透明薄膜的麵糰。（圖**a**）

3 麵糰放入容器內並蓋上保鮮膜，進行基
　本發酵約80分鐘。

4 高融點切達乳酪切成丁狀備用。

5 麵糰分割成6等份，**滾圓**後直接包入內
　餡，放入烤盤蓋上保鮮膜，進行最後發
　酵約30分鐘。

6 麵糰表面刷上均勻的蛋液，剪出十字刀
　口（圖**b**），再撒上適量的披薩起士（圖
　c），繼續發酵10分鐘。

7 放入已預熱的烤箱中，以上火190℃、下
　火160℃烘烤約20分鐘。

a

b

TIPS ▶

◆於麵糰表面剪出
　十字刀口，務求
　看得到內餡。

◆南瓜去皮切塊再
　蒸熟，趁熱用叉
　子壓成泥狀。

c

材料 ▶

A 湯種麵糰：高筋麵粉15克　水80克

B 高筋麵粉200克　紅糖40克（過篩後）
　　鹽1/4小匙　水20克
　　即溶酵母粉3克（1/2小匙+1/4小匙）
　　薑汁1小匙　鮮奶50克

C 無鹽奶油15克

D 紅糖酥皮（裝飾）：無鹽奶油50克
　　紅糖50克（過篩後）　全蛋15克
　　低筋麵粉50克　杏仁粒2大匙

做法 ▶

1 材料A混合後，先用橡皮刮刀攪勻，再用
　小火邊煮邊攪成糰狀（圖**a**），取出放
　涼，蓋上保鮮膜，冷藏約60分鐘後備用。

2 做法**1**的材料與材料B全部混合，先用慢
　速攪拌成糰，再用中速攪成稍具光滑狀。

3 加入無鹽奶油用慢速攪入，再用中速攪
　成可拉出稍透明薄膜的麵糰。

4 麵糰放入容器內並蓋上保鮮膜，進行基
　本發酵約80分鐘。

5 紅糖酥皮：無鹽奶油在室溫下軟化，分別
　加入紅糖及全蛋，用打蛋器攪成鬆發狀，
　再篩入麵粉用橡皮刮刀拌成麵糊狀。

6 麵糰分割成8等份，滾圓後放入烤盤蓋上
　保鮮膜，進行最後發酵約25分鐘。

7 紅糖酥皮擠在麵糰表面呈圈狀（圖**b**），
　再撒上適量的杏仁粒（圖**c**）。

8 放入已預熱的烤箱中，以上火190℃、下
　火160℃烘烤約15分鐘。

TIPS ▶

◆滾圓後的麵糰呈圓球形（整形方式如
　P.20），即是成品造型，需將底部確實黏
　緊，烘烤後才不會爆開。

◆撒在紅糖酥皮上的杏仁粒，可改用其他
　堅果代替，但都不需事先烘烤。

◆薑汁：薑洗淨去皮，利用擦薑板磨出薑
　泥，再擠成薑汁。

a

b

c

材料 ▶

A 高筋麵粉240克　細砂糖30克　鹽1/4小匙
　即溶酵母粉3克（1/2小匙+1/4小匙）　全蛋40克　水110克
B 無鹽奶油15克　蜜花豆200克　玉米粉適量

做法 ▶

1 材料A全部混合，先用慢速攪拌成糰，再用中速攪成稍具光滑狀。

2 加入無鹽奶油用慢速攪入，再用中速攪成可拉出稍透明薄膜的麵糰。

3 麵糰放入容器內並蓋上保鮮膜，進行基本發酵約80分鐘。

4 麵糰分割成4等份，滾圓後蓋上保鮮膜鬆弛約10分鐘。

5 麵糰分別擀成直徑約16公分的**圓餅形**（整形方式如P.20）。

6 麵糰底部沾上玉米粉後，先放一片在烤盤上（**圖a**），鋪上均勻的蜜紅豆（**圖b**），再蓋上另一片麵糰，並將邊緣黏緊。

7 整個麵糰沾裹玉米粉後，套在直徑6吋慕斯框內（**圖c**），進行最後發酵約25分鐘。

8 麵糰發至模型的9分滿（**圖d**）。

9 烤模表面蓋上耐高溫的鐵板或烤盤（**圖e**）。

10 放入已預熱的烤箱中，以上火190℃、下火160℃烘烤約18分鐘。

a　　　　　　　b　　　　　　　c

d　　　　　　　e

TIPS ▶

◆ 麵糰沾裹玉米粉後，烤模就不需要抹油。
◆ 烤模表面蓋上耐高溫的鐵板或烤盤，最好再壓個重物（如**圖e**），
　以防止麵糰膨脹凸出烤模，讓成品表面呈平面狀。

乳酪花環麵包

參考份量 **2** 個

TIPS ▶
◆包好乳酪餡後，視麵糰筋性，給予麵糰鬆弛時間，即可慢慢將麵糰擀成適當大小。

材料 ▶

A 高筋麵粉220克　細砂糖35克
　 鹽1/4小匙
　 即溶酵母粉3克（1/2小匙+1/4小匙）
　 水125克

B 無鹽奶油15克

C 乳酪餡：
　 奶油乳酪（Cream Cheese）150克
　 細砂糖20克　檸檬汁1/4小匙
　 蛋糕屑（或餅乾屑）10克

D 裝飾：杏仁片10克

做法 ▶

1 材料A全部混合，先用慢速攪拌成糰，再用中速攪成稍具光滑狀。

2 加入無鹽奶油用慢速攪入，再用中速攪成可拉出稍透明薄膜的麵糰。

3 麵糰放入容器內並蓋上保鮮膜，進行基本發酵約80分鐘。

4 **乳酪餡**：奶油乳酪在室溫下軟化，分別加入細砂糖、檸檬汁及蛋糕屑，攪拌均勻成光滑的糊狀。

5 麵糰分割成2等份，滾圓後蓋上保鮮膜，鬆弛約15分鐘。

6 麵糰擀成直徑約15公分的**圓餅形**（整形方式如P.20），包入1/2份量的乳酪餡，鬆弛5分鐘後，再擀成直徑約18公分的**圓餅**，放入烤盤上。

7 麵糰邊剪出12個刀口，整形後放入烤盤蓋上保鮮膜，進行最後發酵約30分鐘。

8 麵糰表面刷上均勻的蛋液，再撒上適量的杏仁片。

9 放入已預熱的烤箱中，以上火190℃、下火160℃烘烤約22分鐘。

材料 ▶

A 高筋麵粉200克　低筋麵粉20克
細砂糖25克　鹽1/4小匙
即溶酵母粉3克（1/2小匙+1/4小匙）
奶粉15克　全蛋25克　水115克

B 無鹽奶油15克
紅豆沙200克（分成8等份）

C 裝飾：白芝麻20克

做法 ▶

1 材料A全部混合，先用慢速攪拌成糰，再用中速攪成稍具光滑狀。

2 加入無鹽奶油用慢速攪入，再用中速攪成可拉出稍透明薄膜的麵糰。

3 麵糰放入容器內並蓋上保鮮膜，進行基本發酵約60分鐘。

4 麵糰分割成8等份，**滾圓**後直接包入內餡，蓋上保鮮膜鬆弛約15分鐘，用手將麵糰輕輕壓成**圓餅狀**（**圖a**）。

5 在麵糰的邊緣剪出8個1公分長的開口（**圖b**），放入烤盤蓋上保鮮膜，繼續發酵約10分鐘。

6 麵糰表面刷上均勻的蛋液，用擀麵棍沾水再沾上白芝麻壓在麵糰表面。（**圖c**）

7 放入已預熱的烤箱中，以上火190℃、下火160℃烘烤約15分鐘。

紅豆麵包

參考份量 **8** 個

TIPS ▶

◆剪麵糰的8個刀口時，先剪出上、下、左、右4等份，接著分別在每一等份各剪一刀即可。

a

b

c

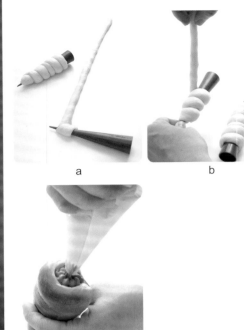

a

b

c

TIPS ▶

◆麵糰在捲上螺管時,頭尾都要確實黏
緊,烘烤時才不會散開。

◆從距離螺管尖頭處約2公分處開始捲
起,烘烤受熱時麵糰才不易脫離模型。

◆保鮮膜完全貼在可可卡式達醬表面,冷
藏後表皮才不會結皮。

可可螺旋捲

參考份量 6個

烤模 ▼ 第39頁圖R

材料 ▶

A 高筋麵粉100克　低筋麵粉50克
　細砂糖20克　鹽1/8小匙
　即溶酵母粉2克（1/2小匙）　全蛋20克
　鮮奶80克

B 無鹽奶油10克

C 可可卡式達醬（內餡）：鮮奶150克
　細砂糖45克　蛋黃1個　低筋麵粉15克
　玉米粉10克　無鹽奶油10克
　無糖可可粉2小匙

做法 ▶

1 材料A全部混合,先用慢速攪拌成糰,再
用中速攪成稍具光滑狀。

2 加入無鹽奶油用慢速攪入,再用中速攪
成可拉出稍透明薄膜的麵糰。

3 麵糰放入容器內並蓋上保鮮膜,進行基
本發酵約60分鐘。

4 **可可卡式達醬**：鮮奶加細砂糖及蛋黃先
用打蛋器攪勻,再加入低筋麵粉及玉米
粉,用小火邊煮邊攪至濃稠狀,再加入
無鹽奶油及無糖可可粉快速攪勻,取出
後用保鮮膜貼住表面完全覆蓋,冷藏備
用。

5 麵糰分割成6等份,滾圓後蓋上保鮮膜,
鬆弛約10分鐘。

6 麵糰整形成長約45公分的**長條形**（整形
方式如P.21）,先將麵糰黏緊在螺管烤模
的尖頭處（**圖a**）,再一圈圈的繞完麵糰
（**圖b**）,放入烤盤蓋上保鮮膜,進行最後
發酵約25分鐘。

7 麵糰表面刷上均勻的蛋液,放入已預熱
的烤箱中,以上火190℃、下火160℃烘
烤約15分鐘。

8 麵包放涼後,將可可卡式達醬擠在麵包
的內部即可。（**圖c**）

材料 ▶

A 卡式達醬：全蛋15克　細砂糖5克
　高筋麵粉2小匙　鮮奶30克
B 高筋麵粉200克　細砂糖30克
　鹽1/8小匙　椰奶60克
　即溶酵母粉3克（1/2小匙+1/4小匙）
　鮮奶50克
C 無鹽奶油15克　椰子粉10克
　芋頭絲50克
D 裝飾：金砂糖（二砂糖）1大匙

做法 ▶

1 材料A的全蛋、細砂糖及高筋麵粉先用橡
皮刮刀攪勻，再加入鮮奶用小火邊煮邊
攪成糰狀，取出放涼蓋上保鮮膜，冷藏
約60分鐘後備用。（如P.45咖啡麵包，
圖a）

2 做法**1**的材料和材料B全部混合，先用慢

速攪拌成糰，再用中速攪成稍具光滑狀
的麵糰。

3 加入無鹽奶油用慢速攪入，再用中速攪
成可拉出稍透明薄膜的麵糰。

4 椰子粉加芋頭絲混合均勻（**圖a**），再全
部加入**做法3**的麵糰中，用慢速攪勻。

5 麵糰放入容器內並蓋上保鮮膜，進行基
本發酵約80分鐘。

6 取出麵糰**滾圓**，蓋上保鮮膜鬆弛約10分
鐘。將麵糰擀成長、寬約25公分的**正方
形**（整形方式如P.20），翻面後捲成**圓柱
體**。

7 圓柱體麵糰切割成6等份，再從每塊麵糰
表面1/2處切刀口，放入烤模內，蓋上保
鮮膜，進行最後發酵約25分鐘。

8 麵糰表面刷上均勻的蛋液，撒上適量的
金砂糖。放入已預熱的烤箱中，以上火
180℃、下火190℃烘烤約18分鐘。

椰奶芋絲麵包

參考份量 **6** 個

烤模 ▼ 第39頁圖 H

a

TIPS ▶

◆椰子粉與芋頭絲混合後，減少溼度較
　容易攪入麵糰中。
◆攪拌的麵糰如呈濕黏狀，需停機將攪
　拌缸沾黏的麵糰刮下來，較易成糰。

TIPS ▶

◆外皮麵糰需擀成**大於**抹茶麵糰的大小，經過鬆弛後具延展性，輕輕的拉起可輕易包入抹茶麵糰。

◆外皮包入抹茶麵糰時，應正面朝下放在外皮表面。

◆抹茶麵糰鋪上蜜紅豆後，捲成橄欖形時不可太緊密，烘烤時才不會膨脹裂開。

材料 ▶

A 高筋麵粉200克　低筋麵粉40克
細砂糖25克　鹽1/4小匙
即溶酵母粉3克（1/2小匙+1/4小匙）
抹茶粉2小匙　水150克

B 無鹽奶油20克　蜜紅豆150克

C **外皮**：中筋麵粉130克　細砂糖10克
泡打粉（B.P.）1/8小匙　水80克
無鹽奶油10克

做法 ▶

1 材料A全部混合，先用慢速攪拌成糰，再用中速攪成稍具光滑狀。

2 加入無鹽奶油20克用慢速攪入，再用中速攪成麵糰具延展性，即成抹茶麵糰。

3 麵糰放入容器內並蓋上保鮮膜，進行基本發酵約80分鐘。

4 **外皮**：材料C混合後，用攪拌機或手攪成麵糰狀，蓋上保鮮膜鬆弛30分鐘備用。

5 取出抹茶麵糰滾圓，蓋上保鮮膜鬆弛約15分鐘。

6 麵糰擀成長約24公分的**橢圓形**（整形方式如P.20），翻面後鋪上均勻的蜜紅豆，用手輕輕壓平再捲成**橄欖形**。

7 外皮沾上高筋麵粉，擀成長約25公分的**橢圓形**（整形方式同前），翻面後包入**做法6**的麵糰；麵糰整面沾裹高筋麵粉後，正面朝上放入烤盤，進行最後發酵約20分鐘，在表面橫切3個刀口，繼續發酵約15分鐘。

8 放入已預熱的烤箱中，以上火180℃、下火160℃烘烤約28分鐘。

材料 ▶

A 高筋麵粉200克　細砂糖10克
　　鹽1/4小匙　鮮奶120克
　　即溶酵母粉3克（1/2小匙+1/4小匙）
　　原味優格30克
B 無鹽奶油15克
C 內餡：紅豆沙120克　抹茶麻薯120克

做法 ▶

1 材料A全部混合，先用慢速攪拌成糰，再用中速攪成稍具光滑狀。
2 加入無鹽奶油用慢速攪入，再用中速攪成可拉出稍透明薄膜的麵糰。
3 麵糰放入容器內並蓋上保鮮膜，進行基本發酵約80分鐘。
4 麵糰分割成2等份，滾圓後蓋上保鮮膜鬆弛約15分鐘。
5 麵糰擀成長約25公分的**橢圓形**（整形方式如P.20），翻面後先鋪上1/2量的紅豆沙，再放1/2量的抹茶麻薯（**圖a**），將兩邊麵糰對折黏緊（**圖b**），正面朝上放入烤盤，蓋上保鮮膜進行最後發酵約35分鐘。
6 麵糰表面縱切3個刀口，蓋上保鮮膜繼續發酵約10分鐘。
7 麵糰表面刷上均勻的蛋液，放入已預熱的烤箱中，以上火190℃、下火160℃烘烤約25分鐘。

TIPS ▶
◆紅豆沙可先放在保鮮膜上，推成平面狀再反扣在麵糰表面。

麻薯紅豆沙麵包

參考份量 **2** 個

a

b

a

TIPS ▶
◆三種麵糰滾圓後，不需鬆弛即可蓋上波蘿皮；用手抓住麵糰底部，將波蘿皮蓋在麵糰上部，約包住整個麵糰的2/3。
◆包波蘿皮時，烤模須先放在烤盤上備用。

三味小波蘿

參考份量 **4** 個

烤模 ▶ 第39頁圖S

單元1-5

材料 ▶

A 高筋麵粉160克　低筋麵粉30克
細砂糖25克　鹽1/8小匙
即溶酵母粉2克（1/2小匙）　奶粉10克
起士粉5克　蛋黃1個（15-18克）
水100克

B 無鹽奶油15克　無糖可可粉1/2小匙　抹茶粉1/2小匙

C 波蘿皮：無鹽奶油45克　糖粉40克
蛋黃1個　奶粉10克　低筋麵粉70克
無糖可可粉1/2小匙　抹茶粉1/2小匙

做法 ▶

1 材料A全部混合，先用慢速攪拌成糰，再用中速攪成稍光滑狀。

2 加入無鹽奶油用慢速攪入，再用中速攪成可拉出稍透明薄膜的麵糰。

3 麵糰分割成3等份，其中2份分別加入無糖可可粉及抹茶粉，再分別搓揉均勻。

4 **三種麵糰**分別放入容器內並蓋上保鮮膜，進行基本發酵約50分鐘。

5 **波蘿皮**：無鹽奶油在室溫下軟化，分別加入糖粉及蛋黃，攪打成鬆發狀，再加入奶粉、篩入麵粉用橡皮刮刀攪拌成糰。

6 波蘿皮分割成3等份，其中2份分別加入無糖可可粉及抹茶粉，再分別搓揉均勻，蓋上保鮮膜鬆弛10分鐘備用。

7 三種麵糰與三種波蘿皮分別分割成4等份，麵糰**滾圓**後直接蓋上一份同顏色的波蘿皮（**圖a**），接著放入烤模內，每個烤模分別放入三種麵糰，蓋上保鮮膜進行最後發酵約25分鐘。

8 麵糰表面刷上均勻的蛋黃液，放入已預熱的烤箱中，以上火190℃、下火160℃烘烤約18分鐘。

材料 ▶

A 高筋麵粉200克　細砂糖35克
　　鹽1/4小匙　全蛋35克
　　即溶酵母粉3克（1/2小匙+1/4小匙）
　　鮮奶100克
B 無鹽奶油15克　玉米粒（罐頭）80克

做法 ▶

1 材料A全部混合，先用慢速攪拌成糰，再用中速攪成稍具光滑狀。

2 加入無鹽奶油用慢速攪入，再用中速攪成可拉出稍透明薄膜的麵糰。

3 加入玉米粒，用慢速攪勻。

4 麵糰放入容器內並蓋上保鮮膜，進行基本發酵約80分鐘。

5 麵糰分割成5等份，**滾圓**後直接放入烤模內，蓋上保鮮膜進行最後發酵約40分鐘。

6 麵糰表面刷上均勻的蛋液，放入已預熱的烤箱中，以上火180℃、下火180℃烘烤約25分鐘。

TIPS ▶

◆玉米粒加入麵糰前，須用廚房紙巾確實擦乾水分，加入麵糰內才不易濕黏，尚未完全攪勻時，即可取出用手揉勻。

◆因玉米粒易滲出水分，而較不易揉入麵糰中，可用另一種方式操作，即於麵糰分割、滾圓之後再包入玉米粒。

◆滾圓後的麵糰呈**圓球形**（整形方式如P.20），即是成品造型；將麵糰底部朝下裝入烤模內，注意須間隔均等，成品才會平整。

鮮奶玉米麵包

參考份量 **1** 個

烤模 ▼ 第39頁圖 M

蔓越莓乳酪麵包

參考份量 **2** 個

材料 ▶

A 高筋麵粉200克　細砂糖10克
　　鹽1/4小匙　蛋白25克
　　即溶酵母粉3克（1/2小匙+1/4小匙）
　　水100克
B 無鹽奶油10克
C 內餡：奶油乳酪40克　糖粉15克
　　牛奶1小匙　玉米粉5克　杏仁粉2小匙
　　蔓越莓乾（切碎）10克

做法 ▶

1 材料A全部混合，先用慢速攪拌成糰，再
　用中速攪成稍具光滑狀。
2 加入無鹽奶油用慢速攪入，再用中速攪
　成可拉出稍透明薄膜的麵糰。
3 麵糰放入容器內並蓋上保鮮膜，進行基
　本發酵約80分鐘。
4 內餡：奶油乳酪放在室溫下軟化，分別
　加入糖粉及牛奶攪勻，再加入玉米粉、
　杏仁粉及蔓越莓乾繼續用橡皮刮刀攪成
　細滑的乳酪糊備用。
5 麵糰分割成2等份，滾圓後蓋上保鮮膜鬆
　弛約10分鐘。

6 麵糰擀成長約25公分的**橢圓形**（整形方
　式如P.20），翻面後鋪上1/2量的內餡，
　將麵糰捲成長的**橄欖形**，正面朝上放入
　烤盤，蓋上保鮮膜進行最後發酵約35分
　鐘。
7 麵糰表面刷上均勻的蛋液，剪刀傾斜45
　度切6個刀口（**圖a**），繼續發酵5分鐘。
8 放入已預熱的烤箱中，以上火190℃、下
　火160℃烘烤約20分鐘。

TIPS ▶

◆注意麵糰邊緣至少留有1.5公分不可鋪到
　內餡，才利於黏合。
◆可視麵糰整形後的長度，決定刀口數的
　量。
◆蔓越莓乾可用葡萄乾取代。

a

材料 ▶

A 中種麵糰：高筋麵粉220克
即溶酵母粉3克（1/2小匙+1/4小匙）
水135克

B 主麵糰：高筋麵粉30克　細砂糖30克
鹽1/4小匙　水20克

C 花生醬（未含顆粒）70克

D 杏仁醬（裝飾）：蛋白30克　糖粉30克
杏仁粉20克

做法 ▶

1 材料A全部混合，用慢速攪拌成糰即可
（圖**a**），蓋上保鮮膜進行基本發酵約90分
鐘（圖**b**）。

a　　　　　　　　　　　b

c

2 做法**1**的麵糰與材料B全部混合，先用慢
速攪拌成糰，再用中速攪成稍具光滑狀。

3 加入花生醬，用慢速攪入麵糰中，再用
中速攪成可拉出薄膜的麵糰。

4 麵糰放入容器內並蓋上保鮮膜，進行第
二次發酵約50分鐘。

5 麵糰分割成2等份，滾圓後蓋上保鮮膜鬆
弛約10分鐘。

6 麵糰整形成長約30公分的**圓柱體**（整形
方式如P.21），用手輕輕壓平再將麵糰切
割成2條（頭部不切斷），編成麻花狀
（圖**c**），放入烤盤蓋上保鮮膜，進行最後
發酵約30分鐘。

7 **杏仁醬**：蛋白加糖粉用湯匙攪勻，再加
入杏仁粉攪成細滑的杏仁醬，刷在發酵
好的麵糰表面。

8 放入已預熱的烤箱中，以上火190℃、下
火160℃烘烤約22分鐘。

TIPS ▶

◆刷杏仁醬時，必須將麵糰的凹凸面都要仔
細刷到，成品上色才會一致。

◆麵糰編成麻花狀，須注意尾部要確實黏
緊。

◆中種麵糰攪拌成糰即可，不需光滑狀。

擅用各式蔬果、乳酪、辛香料或肉類，調理成香噴噴的鹹麵包，趁新鮮享用，滿足飢腸轆轆的脾胃，也更能品嚐到鮮甜、多汁、香氣、滑順的美味；豐富的食材可變換運用，增添麵包的多重滋味，正餐、點心兩相宜。

Part

2

調理鹹香 開胃麵包

麵糰特性 ▶ 與「濃郁軟綿甜味麵包」的麵糰類似。

烘烤方式 ▶ 儘量以上火大、下火小方式烘烤，並在短時間內完成。

a   b

c

馬鈴薯熱狗麵包

參考份量 **5** 個

材料 ▶

A 高筋麵粉110克　低筋麵粉40克
　細砂糖15克　鹽1/4小匙　冰水70克
　即溶酵母粉2克（1/2小匙）
　蛋黃1個（18-20克）　馬鈴薯泥30克
B 無鹽奶油15克
C 配料：熱狗5根　番茄醬適量

做法 ▶

1 材料A全部混合，先用慢速攪拌成糰，再用中速攪成稍具光滑狀。
2 加入無鹽奶油用慢速攪入，再用中速攪成可拉出稍透明薄膜的麵糰。
3 麵糰放入容器內並蓋上保鮮膜，進行基本發酵約80分鐘。
4 麵糰分割成5等份，滾圓後蓋上保鮮膜鬆弛約10分鐘。
5 麵糰擀成長約8公分的**橢圓形**（整形方式如P.20），翻面後放一根熱狗將兩邊麵糰

對折黏緊，正面朝上放入烤盤。
6 從麵糰中央部位剪1刀，再分別將上、下兩部分各剪2刀（**圖a**），兩手各抓一份麵糰向左右外翻，呈內餡朝上狀（**圖b**、**圖c**），蓋上保鮮膜進行最後發酵約25分鐘。
7 麵糰刷上均勻的蛋液，並在表面擠適量的番茄醬。
8 放入已預熱的烤箱中，以上火190℃、下火160℃烘烤約18分鐘。

TIPS ▶

◆剪麵糰時，需將熱狗剪斷，但須注意勿將底部麵糰剪斷。
◆剪完每一小段的麵糰，如有黏合情形不易進行，手上可沾少許的麵粉較好操作。
◆番茄醬裝入塑膠袋內，剪一小洞口即可擠出線條在麵糰表面。
◆馬鈴薯去皮切塊再蒸熟，趁熱用叉子壓成泥狀。

材料 ▶

A 高筋麵粉150克　低筋麵粉50克
　細砂糖15克　鹽1/4小匙
　即溶酵母粉2克（1/2小匙）
　鮮奶130克

B 無鹽奶油15克

C **配料**：無鹽奶油30克　糖粉10克
　鹽1/2小匙　鮮奶1小匙
　乾燥西洋香菜葉（Parsely）1小匙

做法 ▶

1 材料A全部混合，先用慢速攪拌成糰，再用中速攪成稍具光滑狀的麵糰。

2 加入無鹽奶油用慢速攪入，再用中速攪成可拉出稍透明薄膜的麵糰。

3 麵糰放入容器內並蓋上保鮮膜，進行基本發酵約80分鐘。

4 **配料**：無鹽奶油在室溫下軟化，分別加入糖粉、鹽及鮮奶攪打均勻，再加入乾燥西洋香菜葉拌勻備用。（**圖a**）

5 麵糰分割成6等份，滾圓後蓋上保鮮膜，鬆弛約10分鐘，麵糰整形成長約15公分的**橄欖形**（整形方式如P.21），蓋上保鮮膜進行最後發酵約30分鐘。

6 麵糰表面縱切1刀口，繼續發酵約10分鐘，刷上均勻的蛋液，在刀口處擠上配料（**圖b**）。

7 放入已預熱的烤箱中，以上火190℃、下火160℃ 烘烤約18分鐘。

TIPS ▶

◆配料製作好後，放在室溫即可。

◆麵糰整形與**做法6**（縱切刀口）如**P.76**的墨魚香蒜麵包。

西洋香菜鮮奶麵包

參考份量 6個

a

b

TIPS ▶
◆整塊的油漬鮪魚使用前，用叉子儘量壓乾以瀝掉多餘的油份，並攪成鬆散狀。

濃香鮪魚麵包

參考份量 **5** 個

烤模 ▶ 第39頁圖 P

單元2-1

材料 ▶

A 高筋麵粉150克　低筋麵粉50克
　細砂糖15克　鹽1/4小匙
　即溶酵母粉2克（1/2小匙）　全蛋50克
　水70克

B 無鹽奶油15克

C 內餡：沙拉油1小匙　洋蔥末50克
　油漬鮪魚（罐頭）100克
　黑胡椒粉1/4小匙　鹽1/8小匙
　披薩起士絲35克

D 裝飾：生的白芝麻100克

做法 ▶

1 材料A全部混合，先用慢速攪拌成糰，再用中速攪成稍具光滑狀的麵糰。

2 加入無鹽奶油用慢速攪入，再用中速攪成可拉出稍透明薄膜的麵糰。

3 麵糰放入容器內並蓋上保鮮膜，進行基本發酵80分鐘。

4 內餡：沙拉油加熱後，加入洋蔥末炒軟炒香，熄火後加入油漬鮪魚、黑胡椒粉及鹽拌炒均勻，放涼後加入披薩起士絲拌勻備用。

5 麵糰分割成5等份，滾圓後蓋上保鮮膜，鬆弛約10分鐘，麵糰擀成長約18公分、寬約10公分的**長方形**（整形方式如P.20），翻面後鋪上適量的內餡，兩邊麵糰對折黏緊。

6 麵糰整面刷上均勻的蛋液，再沾裹白芝麻，放入紙烤模內，進行最後發酵約30分鐘。

7 放入已預熱的烤箱中，以上火190℃、下火180℃烘烤約18分鐘。

材料 ▶

A 高筋麵粉250克　低筋麵粉50克
　 細砂糖30克　鹽1/4小匙　奶粉15克
　 即溶酵母粉3克（1/2小匙+1/4小匙）
　 全蛋30克　水150克
B 無鹽奶油20克
C 配料：培根7片　冷凍什錦蔬菜豆120克
　 披薩起士絲100克　沙拉醬適量

做法 ▶

1 材料A全部混合，先用慢速攪拌成糰，再用中速攪成稍具光滑狀。

2 加入無鹽奶油用慢速攪入，再用中速攪成可拉出稍透明薄膜的麵糰。

3 麵糰放入容器內並蓋上保鮮膜，進行基本發酵約80分鐘。

4 麵糰分割成7等份，滾圓後蓋上保鮮膜鬆弛約10分鐘。

5 麵糰擀成長約20公分的**橢圓形**（整形方式如P.20），放入烤盤，刷上均勻的蛋液，放1片培根再放冷凍什錦蔬菜豆，接著撒些披薩起士，最後擠上沙拉醬，進行最後發酵約25分鐘。（**圖a**）

6 放入已預熱的烤箱中，以上火190℃、下火160℃烘烤約18分鐘。

a

培根麵包

參考份量

7個

TIPS ▶

◆最後發酵時，麵糰已放上配料，因此不需蓋上保鮮膜。

◆可隨個人喜好變換配料。冷凍什錦蔬菜豆內含玉米粒、青豆仁、胡蘿蔔，一般超市即有販售。

◆將麵糰靜置鬆弛，以漸進方式，則可將麵糰分次慢慢擀開擀長；勿一口氣勉強操作。

番茄百里香麵包

參考份量 **5** 個

烤模 ▼ 第39頁圖 Q

材料 ▶

A 高筋麵粉220克　全麥麵粉15克
　　細砂糖15克　鹽1/2小匙
　　即溶酵母粉2克（1/2小匙）
　　番茄醬50克　蛋白30克　水70克
B 無鹽奶油15克　百里香（乾燥的）1小匙
C 裝飾：煙燻乳酪絲適量

做法 ▶

1 材料A全部混合，先用慢速攪拌成糰，再用中速攪成稍具光滑狀的麵糰。
2 加入無鹽奶油用慢速攪入，再用中速攪成具延展性麵糰。
3 加入乾燥的百里香，用慢速攪勻，麵糰放入容器內並蓋上保鮮膜，進行基本發酵約80分鐘。
4 麵糰分割成5等份，**滾圓**後放入已抹油的圓烤模內，蓋上保鮮膜，進行最後發酵約30分鐘。
5 刷上均勻的蛋液，在麵糰表面撒上煙燻乳酪絲，放入已預熱的烤箱中，以上火190℃、下火150℃烘烤約20分鐘。

TIPS ▶

◆煙燻乳酪絲是利用刨絲器將整條煙燻乳酪刨成的。
◆滾圓後的麵糰呈**圓球形**（整形方式如P.20），即是成品造型；必須將底部確實黏緊，烘烤後才不會爆開。

材料 ▶

A 高筋麵粉200克　低筋麵粉50克
　　細砂糖20克　鹽1/4匙
　　即溶酵母粉3克（1/2小匙+1/4小匙）
　　全蛋35克　水120克

B 無鹽奶油20克　白芝麻50克

C 肉餅：豬絞肉200克　醬油2大匙
　　味淋2小匙　細砂糖1/2小匙
　　太白粉1小匙　白胡椒粉少許
　　洋蔥丁25克

D 配料：生菜葉4張　番茄8片
　　洋蔥1/4個　切達起士片8片

做法 ▶

1 材料A全部混合，先用慢速攪拌成糰，再用中速攪成稍具光滑狀。

2 加入無鹽奶油用慢速攪入，再用中速攪成可拉出稍透明薄膜的麵糰。

3 麵糰放入容器內並蓋上保鮮膜，進行基本發酵約80分鐘。

4 麵糰分割成8等份，**滾圓**後在麵糰表面刷上均勻的蛋液，再沾滿白芝麻，用手輕輕壓平，放入烤盤進行最後發酵約30分鐘。

5 放入已預熱的烤箱中，以上火190℃、下火160℃烘烤約18分鐘。

6 肉餅：豬絞肉、醬油、味淋及細砂糖攪拌均勻，再加入太白粉及白胡椒粉攪勻，最後拌入洋蔥丁，分成8等份再壓平，用小火將兩面煎熟。

7 麵包橫切為二，分別放上生菜葉、肉餅、番茄、洋蔥及起士片。

TIPS ▶

◆ 配料可隨個人喜好變換。

◆ 滾圓後的麵糰呈**圓球形**（整形方式如P.20），即是成品造型，必須將底部確實黏緊，烘烤後才不會爆開。

照燒豬肉堡

參考份量 **8** 等份

肉鬆海苔麵包

參考份量 **1** 個

單元2-2

材料 ▶

A 高筋麵粉200克　細砂糖10克
　鹽1/4小匙　原味優格35克
　即溶酵母粉2克（1/2小匙）　蛋黃20克
　水80克
B 無鹽奶油15克
C 內餡：肉鬆60克　海苔1張

做法 ▶

1 材料A全部混合，先用慢速攪拌成糰，再用中速攪成稍具光滑狀的麵糰。

2 加入無鹽奶油用慢速攪入，再用中速攪成具延展性麵糰。

3 麵糰放入容器內並蓋上保鮮膜，進行基本發酵約80分鐘。

4 取出麵糰滾圓，蓋上保鮮膜，鬆弛約15分鐘，整形成長、寬約22公分的**正方形**（整形方式如P.20）。

5 翻面後鋪上均勻的肉鬆，用手輕輕壓平，放一張海苔輕輕捲成**圓柱體**，蓋上保鮮膜，進行最後發酵約50分鐘。

6 刷上均勻的蛋液，放入已預熱的烤箱中，以上火190℃、下火160℃烘烤約30分鐘。

TIPS ▶

◆麵糰捲成圓柱體時，動作要輕，頭尾不用刻意密合，或是在麵糰表面切刀口，可避免烘烤時麵糰裂開。

材料 ▶

A 高筋麵粉250克　細砂糖25克
　　鹽1/2小匙　奶粉10克
　　即溶酵母粉3克（1/2小匙＋1/4小匙）
　　全蛋15克　水140克
B 無鹽奶油20克　黑胡椒粉1小匙
C 內餡：豬絞肉40克　洋蔥丁30克
　　鹽、黑胡椒粉各1/8小匙
D 裝飾：黑芝麻1大匙

做法 ▶

1 材料A全部混合，先用慢速攪拌成糰，再用中速攪成稍具光滑狀。
2 加入無鹽奶油用慢速攪入，再用中速攪成可拉出稍透明薄膜的麵糰。
3 加入黑胡椒粉，用慢速攪勻。

4 麵糰放入容器內並蓋上保鮮膜，進行基本發酵約80分鐘。
5 內餡：用小火將豬絞肉略炒一下，再加入洋蔥丁繼續炒熟，熄火後加鹽及黑胡椒粉調味，放涼備用。
6 麵糰分割成6等份，**滾圓**後蓋上保鮮膜鬆弛約5分鐘，再分別包入內餡（**圖a**），再放入已抹油的8吋圓型烤模內（**圖b**），蓋上保鮮膜進行最後發酵約50分鐘。（**圖c**）
7 麵糰刷上均勻的蛋液，再撒上少許的黑芝麻。
8 放入已預熱的烤箱中，以上火180℃、下火180℃烘烤約28分鐘。

TIPS ▶
◆麵糰入模先放在中心位置，再分別以等距離排放四周。

黑胡椒麵包

參考份量 **6** 個

a　　　　b

c

墨魚香蒜麵包

參考份量 **5** 個

單元2-3

材料 ▶

A 高筋麵粉200克　細砂糖10克
　　鹽1/2小匙　墨魚粉1小匙
　　即溶酵母粉3克（1/2小匙+1/4小匙）
　　水120克
B 無鹽奶油10克
　　無鹽奶油50克（軟化後擠在麵糰表面）
C 蒜泥醬：大蒜泥15克　鹽1/4小匙
　　細砂糖1/2小匙　無鹽奶油15克
　　白胡椒粉1/8小匙　香蒜粉1/8小匙
　　匈牙利紅椒粉（Paprika）1小匙

做法 ▶

1 材料A全部混合，先用慢速攪拌成糰，再用中速攪成稍具光滑狀的麵糰。
2 加入無鹽奶油10克用慢速攪入，再用中速攪成具延展性麵糰。
3 麵糰放入容器內並蓋上保鮮膜，進行基本發酵約80分鐘。

4 **蒜泥醬**：大蒜磨成泥加鹽、細砂糖及軟化的無鹽奶油調勻，加白胡椒粉、香蒜粉調味。
5 麵糰分割成5等份，滾圓後蓋上保鮮膜，鬆弛約10分鐘。
6 麵糰整形成長約15公分的**橄欖形**（整形方式如**P.21**），蓋上保鮮膜進行最後發酵約20分鐘。
7 麵糰表面縱切1刀口，繼續發酵約10分鐘，刷上均勻的蛋白液，在刀口處擠上軟化的奶油。放入已預熱的烤箱中，以上火190℃、下火160℃烘烤約18分鐘。
8 麵包於降溫後，在表面刷上蒜泥醬，並撒上少許的匈牙利紅椒粉。

TIPS ▶
◆麵糰表面的縱切刀口，切得越深，烘烤後的裂口越大。（如**P.69**的西洋香菜鮮奶麵包）
◆蒜泥醬內的香蒜粉在一般超市即有販售，如無法取得可省略。

金黃沙拉麵包

參考份量 **6** 個

材料 ▶

A 高筋麵粉100克　低筋麵粉100克
　細砂糖15克　鹽1/4小匙
　即溶酵母粉2克（1/2小匙）　全蛋35克
　水75克
B 無鹽奶油15克
C 配料：玉米粒（罐頭）85克
　水煮蛋1個　沙拉醬25克
　番茄醬2大匙　沙拉醬2大匙
　乾燥西洋香菜葉（Parsely）1小匙
　黑胡椒粉少許

做法 ▶

1 材料A全部混合，先用慢速攪拌成糰，再
　用中速攪成稍具光滑狀。
2 加入無鹽奶油用慢速攪入，再用中速攪
　成可拉出稍透明薄膜的麵糰。
3 麵糰放入容器內並蓋上保鮮膜，進行基
　本發酵約80分鐘。
4 配料：玉米粒瀝乾水分加入切碎的水煮
　蛋與沙拉醬25克，調勻備用。

5 取出發酵好的麵糰，滾圓後蓋上保鮮
　膜，鬆弛約10分鐘。
6 麵糰擀成長、寬約20公分的**正方形**（整
　形方式如P.20），翻面後輕輕捲成**圓柱
　體**。
7 麵糰切割成6等份，將每份麵糰從1/2處
　切到接近底部，將切口翻開內部朝上放
　入烤盤，用手將麵糰表面壓平，蓋上保
　鮮膜，進行最後發酵約20分鐘。
8 麵糰的左右兩端各剪2刀，繼續發酵10分
　鐘，在表面刷上均勻的蛋液與番茄醬，
　再鋪上適量的配料，接著擠上適量的沙
　拉醬、撒上少許的乾燥西洋香菜葉與黑
　胡椒粉。
9 放入已預熱的烤箱中，以上火190℃、下
　火160℃烘烤約15分鐘。

TIPS ▶
◆玉米粒瀝乾水分後，並用廚房紙巾確實
　將水分擦乾，再與其他材料拌合。

單元2-4

青醬起士麵包

參考份量 **4** 個

材料 ▶

A 高筋麵粉200克　細砂糖15克
　鹽1/4小匙　原味優格20克
　即溶酵母粉2克（1/2小匙）
　蛋黃1個（18-20克）　水90克
　黑胡椒粉1/8小匙
B 無鹽奶油10克
C 配料（**青醬**）：九層塔葉10克
　松子15克　黑胡椒粉1/8小匙
　帕米善（Parmesan）起士粉1/2小匙
　鹽1/4小匙　橄欖油30克

做法 ▶

1 材料A全部混合，先用慢速攪拌成糰，再
　用中速攪成稍具光滑狀的麵糰。
2 加入無鹽奶油用慢速攪入，再用中速攪
　成具延展性麵糰。

3 麵糰放入容器內並蓋上保鮮膜，進行基
　本發酵約80分鐘。
4 配料：九層塔葉切碎、松子裝入塑膠袋內
　用擀麵棍壓成粉末狀，再與黑胡椒粉、帕
　米善起士粉、鹽及橄欖油調勻備用。
5 麵糰分割成4等份，滾圓後蓋上保鮮膜，
　鬆弛約15分鐘，麵糰整形成長約25公分
　的**長條形**（整形方式如P.21），放入烤盤
　蓋上保鮮膜，進行最後發酵約25分鐘。
6 配料均勻的抹在麵糰表面，放入已預熱
　的烤箱中，以上火190℃、下火160℃烘
　烤約18分鐘。

TIPS ▶

◆製作青醬時，可將所有材料倒入料理機中
　攪拌，質地更加細緻滑順。

參考份量 **2** 個

材料

A **湯種麵糰**：鮮奶60克　高筋麵粉15克

B 高筋麵粉200克　細砂糖15克
　鹽1/2小匙　全蛋25克
　即溶酵母粉3克（1/2小匙+1/4小匙）
　鮮奶100克

C 無鹽奶油15克　海苔粉1小匙
　切達起士片4片

做法

1 材料A全部混合，先用橡皮刮刀攪拌均
　勻，再用小火邊煮邊攪成糰狀（**圖a**），
　取出放涼，蓋上保鮮膜，冷藏約60分鐘
　後備用。（**圖b**）

2 **做法1**材料和材料B全部混合，先用慢速
　攪拌成糰，再用中速攪成稍具光滑狀。

3 加入無鹽奶油及海苔粉用慢速攪入，再

用中速攪成可拉出稍呈透明薄膜的麵
糰。麵糰放入容器內並蓋上保鮮膜，進
行基本發酵約80分鐘。

4 麵糰分割成2等份，滾圓後蓋上保鮮膜鬆
　弛約15分鐘。

5 麵糰擀成長約20公分的**橢圓形**（整形方
　式如P.20），翻面後放上切達起士片（**圖
　c**），將兩邊麵糰對折黏緊（**圖d**），正面
　朝上放入烤盤，蓋上保鮮膜進行最後發
　酵約25分鐘。

6 麵糰表面縱切5個刀口，繼續發酵10分鐘
　後再刷上均勻的蛋液。

7 放入已預熱的烤箱中，以上火190℃、下
　火170℃烘烤約20分鐘。

TIPS ▶
◆切達起士片撕
　成兩半，再鋪
　在麵糰表面。

a

b

c

d

乳酪火腿麵包

參考份量 **4** 個

材料 ▶

A 高筋麵粉200克　全麥麵粉10克　細砂糖15克　鹽1/4小匙
　　即溶酵母粉2克（1/2小匙）　奶粉10克　全蛋30克　水100克
B 無鹽奶油15克
C 內餡：高融點切達乳酪（Cheddar Cheese）80克　火腿4片
D 裝飾：黑芝麻1小匙

做法 ▶

1 材料A全部混合，先用慢速攪拌成糰，再用中速攪成稍具光滑狀的麵糰。

2 加入無鹽奶油用慢速攪入，再用中速攪成可拉出稍透明薄膜的麵糰。

3 麵糰放入容器內並蓋上保鮮膜，進行基本發酵約80分鐘。

4 內餡（**圖a**）：高融點的切達乳酪切成4等份，再用火腿包好備用。
　（**圖b**）

5 麵糰分割成4等份，滾圓後蓋上保鮮膜，鬆弛約10分鐘。

6 整形成長約18公分、寬約9公分的**長方形**（整形方式如P.20）。

7 翻面後放一份內餡，輕輕捲成圓柱體（**圖c**）。

8 蓋上保鮮膜進行最後發酵約30分鐘。

9 麵糰表面剪3刀（**圖d**），刷上均勻的蛋液，再撒上少許的黑芝麻。

10 放入已預熱的烤箱中，上火190℃、下火160℃烘烤約18分鐘。

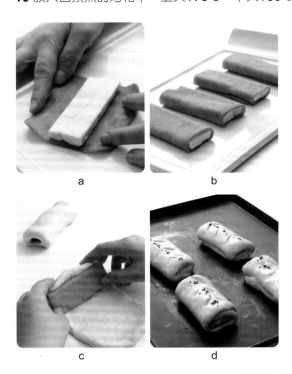

a　　　　　　　b

c　　　　　　　d

> **TIPS ▶**
> ◆如果無法取得塊狀的高融點切達乳酪，可用市售已切成丁狀的取代。

番茄起士麵包

參考份量 **5** 個

材料 ▶

A 高筋麵粉200克　細砂糖20克
　　鹽1/4小匙　番茄糊10克　蛋白30克
　　即溶酵母粉2克（1/2小匙）　水85克
B 無鹽奶油10克
　　高融點切達乳酪50克（切成丁狀）
C 配料：切達起士片5片　番茄片5片
　　乾燥西洋香菜葉（Parsely）1小匙
　　黑胡椒粉少許

做法 ▶

1 材料A全部混合，先用慢速攪拌成糰，再用中速攪成稍具光滑狀的麵糰。
2 加入無鹽奶油，用中速攪成具延展性麵糰。
3 麵糰放入容器內並蓋上保鮮膜，進行基本發酵約80分鐘。
4 麵糰分割成5等份，滾圓後蓋上保鮮膜，鬆弛約5分鐘，包入高融點切達乳酪，鬆弛5分鐘後，用手輕壓表面，再擀成直徑約8公分的**圓餅形**（整形方式如P.20），繼續發酵約15分鐘。
5 麵糰邊緣剪4個長約1公分的刀口，繼續發酵約5分鐘，刷上均勻的蛋液（**圖a**），分別放上切達起士片及番茄片（**圖b**），並撒上適量的乾燥西洋香菜葉與黑胡椒粉。
6 放入已預熱的烤箱中，以上火200℃、下火150℃烘烤約18分鐘。

TIPS ▶

◆在麵糰邊緣剪上刀口，烘烤時便不會膨起，會呈圓餅狀。
◆材料內含番茄糊，烘烤時容易上色，注意下火勿太高溫。

a　　　　　　　b

材料 ▶

A 高筋麵粉200克　細砂糖10克
　鹽1/2小匙　咖哩粉1/2小匙
　即溶酵母粉2克（1/2小匙）　蛋白40克
　水85克
B 無鹽奶油10克
C 內餡：沙拉油1小匙　洋蔥末50克
　豬絞肉100克　咖哩塊1小塊　水1大匙
　黑胡椒粉1/4小匙
D 裝飾：黑芝麻1小匙　玉米粉適量

做法 ▶

1 材料A全部混合，先用慢速攪拌成糰，再
　用中速攪成稍具光滑狀的麵糰。
2 加入無鹽奶油，再用中速攪成具延展性
　麵糰。
3 麵糰放入容器內並蓋上保鮮膜，進行基
　本發酵約80分鐘。
4 內餡：沙拉油加熱後，將洋蔥末炒軟炒
　香，再加入豬絞肉，炒至豬肉變色後加
　入咖哩塊及水，用小火邊煮邊攪至湯汁
　收乾（圖a），熄火後加黑胡椒粉調味，
　放涼備用。

5 麵糰分割成7等份，**滾圓**後蓋上保鮮膜，
　鬆弛約5分鐘，包入內餡用手輕輕壓平
　（圖b），並將麵糰整面沾裹玉米粉，放入
　烤模內，進行最後發酵約20分鐘，麵糰
　發至模型高度的9分滿（圖c）。
6 烘烤時在表面蓋上烤盤或是其他重物
　（圖d），放入已預熱的烤箱中，以上火
　180℃、下火180℃ 烘烤約18分鐘。

a

b

c

d

TIPS ▶
◆麵糰整面沾裹玉米粉，烤
　模即可不用抹油。

咖哩堡

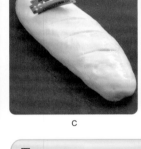

a

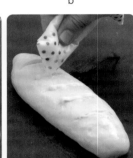

b

c

d

TIPS ▶

◆馬鈴薯蒸軟後，趁熱壓成泥狀，也可將馬鈴薯透過細網篩，質地細緻，利於麵糰攪拌。

洋蔥玉米麵包

參考份量 **5** 個

材料 ▶

A 高筋麵粉200克　低筋麵粉20克
　　細砂糖15克　鹽1/2小匙
　　即溶酵母粉2克（1/2小匙）
　　馬鈴薯泥20克　蛋白20克　水100克

B 無鹽奶油15克

C 內餡：無鹽奶油5克　洋蔥末20克
　　玉米粒（罐頭）100克
　　黑胡椒粉 1/8小匙

D 裝飾：沙拉醬適量
　　乾燥西洋香菜葉（Parsely）1小匙

做法 ▶

1 材料A全部混合，先用慢速攪拌成糰，再用中速攪成稍具光滑狀的麵糰。

2 加入無鹽奶油用慢速攪入，再用中速攪成具延展性麵糰。

3 麵糰放入容器內並蓋上保鮮膜，進行基本發酵約80分鐘。

4 內餡：無鹽奶油加熱後，加入洋蔥末以小火炒香炒軟，熄火後加入擦乾水分的玉米粒及少許黑胡椒粉，拌炒均勻放涼備用。

5 麵糰分割成5等份，滾圓後蓋上保鮮膜，鬆弛約10分鐘。

6 麵糰整形成長約18公分的**橢圓形**（整形方式如P.20），翻面後鋪上適量的內餡（**圖a**），麵糰兩邊對折黏緊（**圖b**），封口朝下放入烤盤上，蓋上保鮮膜進行最後發酵約25分鐘。

7 麵糰表面刷上均勻的蛋液，剪5個斜刀口（**圖c**），接著在刀口處擠上沙拉醬（**圖d**），再撒上西洋香菜葉，繼續發酵5分鐘。

8 放入已預熱的烤箱中，以上火200℃、下火160℃烘烤約18分鐘。

材料 ▶

A 高筋麵粉200克　細砂糖15克
　　鹽1/4小匙　蛋黃1個（18-20克）
　　即溶酵母粉2克（1/2小匙）　水100克
B 無鹽奶油20克
C 內餡：馬鈴薯泥120克　無鹽奶油15克
　　黑胡椒粉1/4小匙　培根末15克
　　乾燥西洋香菜葉（Parsely）1小匙

做法 ▶

1 材料A全部混合，先用慢速攪拌成糰，再
　用中速攪成稍具光滑狀的麵糰。
2 加入無鹽奶油用慢速攪入，再用中速攪
　成可拉出稍透明薄膜的麵糰。
3 麵糰放入容器內並蓋上保鮮膜，進行基

本發酵約80分鐘。
4 **內餡**：馬鈴薯泥趁熱加入無鹽奶油攪
　勻，再加黑胡椒粉、培根末及西洋香菜
　葉拌勻備用。
5 麵糰分割成4等份，滾圓後蓋上保鮮膜，
　鬆弛約15分鐘。
6 麵糰整形成長約20公分、寬約12公分的
　長方形（整形方式如P.20），翻面後鋪上
　內餡，輕輕捲起封口黏緊，正面朝上放
　入烤盤。麵糰並列的間距約1公分左右，
　蓋上保鮮膜進行最後發酵約25分鐘。
7 麵糰表面刷上均勻的蛋液，放入已預熱
　的烤箱中，以上火190℃、下火160℃烘
　烤約25分鐘。

奶油薯泥麵包

參考份量 **4** 個

TIPS ▶

◆內餡的培根末15克，儘量
　取瘦的部分，切成細末後
　用小火炒熟。
◆捲麵糰時，須避免刻意捲
　緊，烘烤受熱才不會裂
　開。
◆麵糰排列在烤盤上，間距
　約1公分左右，最後發酵
　完成即會黏合。

味噌蔥花麵包

參考份量 **4** 個

材料 ▶

A 高筋麵粉200克　細砂糖10克
鹽1/8小匙　味噌20克
即溶酵母粉2克（1/2小匙）　蛋白35克
水85克

B 無鹽奶油10克

C **內餡**：蔥花（綠色部分）40克
鹽、黑胡椒粉各1/8小匙

做法 ▶

1 材料A全部混合，先用慢速攪拌成糰，再用中速攪成稍具光滑狀的麵糰。

2 加入無鹽奶油用慢速攪入，再用中速攪成具延展性麵糰。

3 麵糰放入容器內並蓋上保鮮膜，進行基本發酵約80分鐘。

4 **內餡**：蔥花加鹽及黑胡椒粉調勻備用。

5 取出麵糰滾圓，蓋上保鮮膜，鬆弛約15分鐘，擀成長、寬約22公分的**正方形**（整形方式如P.20），翻面後鋪上均勻的內餡，用手輕輕壓平，捲成**圓柱體**。

6 圓柱體麵糰切割成4等份，將每份麵糰從表面1/2處切到接近底部，接著將切口翻開內部朝上，用手輕輕壓平。

7 放入烤盤蓋上保鮮膜，進行最後發酵約30分鐘。

8 刷上均勻的蛋液，放入已預熱的烤箱中，以上火200℃、下火160℃烘烤約15分鐘。

材料 ▶

A 高筋麵粉200克　細砂糖15克
　　鹽1/4小匙　蛋白70克
　　即溶酵母粉2克（1/2小匙）　水50克

B 無鹽奶油15克

C 內餡：培根、切達起士片各5片

做法 ▶

1 材料A全部混合，先用慢速攪拌成糰，再用中速攪成稍具光滑狀的麵糰。

2 加入無鹽奶油用慢速攪入，再用中速攪成可拉出稍透明薄膜的麵糰。

3 麵糰放入容器內並蓋上保鮮膜，進行基本發酵約80分鐘。

4 麵糰分割成5等份，滾圓後蓋上保鮮膜，鬆弛約10分鐘。

5 麵糰擀成長約16公分、寬約10公分的**長方形**（整形方式如P.20）。

6 翻面後分別鋪上培根及切達起士片（**圖a**），輕輕捲成**圓柱體**，封口朝下從表面1/2處切到接近底部（**圖b**），切面朝上翻成兩個圓柱體放入烤模內。

7 用手輕輕將麵糰表面壓平，蓋上保鮮膜，進行最後發酵約25分鐘。

8 刷上均勻的蛋液，放入已預熱的烤箱中，以上火190℃、下火190℃烘烤約20分鐘。

培根乳酪捲

烤模 ▶ 第39頁圖H

參考份量 **5** 個

a

b

TIPS ▶

◆培根經過烘烤加熱即會收縮，因此麵糰的整形長度比培根短；每片切達起士片需撕成兩半，再鋪在培根上面。

以白土司的變化與延伸，並利用食材的特性，增添土司的色、香、味與豐富的咀嚼體驗；精心製作的土司，更顯得出綿細又具彈性的觸感。無論是直接品嚐，還是配著奶油、果醬來吃，或隨自己口味偏好製成獨家的美味三明治，都可在變化多端的土司世界中得到品嚐的樂趣。

3

百變細柔 風味土司

麵糰特性 ▶ 必須經過不斷攪拌或搓揉，好讓麵筋更加擴展，麵糰才更具延展性；呈現大片的細緻薄膜，才是麵糰攪拌後的最佳狀態。

烘烤方式 ▶ 因為麵糰體積大，且連模型一起烘烤，大多以上火小、下火大的烘烤方式完成；成品表面需呈上色效果，才不會讓外觀變形。

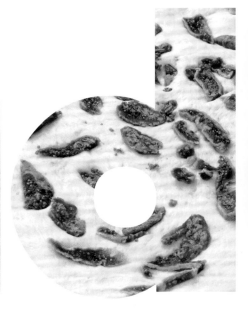

白土司

參考份量 1 個

烤模 ▶ 第38頁圖B

單元3-1

材料 ▶

A 中種麵糰：高筋麵粉220克
即溶酵母粉3克（1/2小匙+1/4小匙）
水130克

B 主麵糰：高筋麵粉60克　細砂糖15克
鹽1/2小匙　奶粉10克　水40克

C 無鹽奶油15克

做法 ▶

1 材料A全部混合，用慢速攪拌成糰即可，蓋上保鮮膜進行基本發酵約90分鐘。

2 做法**1**的麵糰與材料B全部混合，先用慢速攪拌成糰，再用中速攪成稍具光滑狀。

3 加入無鹽奶油用慢速攪入，再用中速攪成可拉出大片薄膜的麵糰。

4 麵糰放入容器內並蓋上保鮮膜，進行第二次發酵約60分鐘。

5 麵糰分割成3等份，滾圓後蓋上保鮮膜鬆弛約10分鐘。

6 麵糰擀成長約20公分、寬約10公分的**橢圓形**（整形方式如P.20），翻面後輕輕捲成**圓柱體**，分別放入土司模內，蓋好上蓋進行最後發酵約50分鐘，麵糰發至模型的9分滿即可。

7 放入已預熱的烤箱中，以上火190°C、下火210°C烘烤約30分鐘，出爐後即刻脫模。

TIPS ▶

◆麵糰放入土司模內，先放在中間部位，再分別放入左右兩邊，要等距離排放。

◆烘烤後如上蓋黏住麵糰無法打開，則表示尚未上色定型，需繼續烘烤。

材料 ▶

A 高筋麵粉300克　細砂糖30克
　　鹽1/2小匙　即溶酵母粉4克（1小匙）
　　奶粉25克　竹炭粉2小匙　水165克

B 無鹽奶油20克
　　高融點切達乳酪（Cheddar Cheese）100克

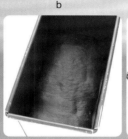

a　　　　　　　b

c　　　　　　　d　　　　　　　e

做法 ▶

1 材料A全部混合，先用慢速攪拌成糰，再用中速攪成稍具光滑狀的麵糰。

2 加入無鹽奶油用慢速攪入，再用中速攪成具延展性的麵糰（圖**a**）。

3 麵糰放入容器內並蓋上保鮮膜，進行基本發酵約80分鐘。

4 取出麵糰滾圓，蓋上保鮮膜，鬆弛約15分鐘，整形成長、寬約20公分的**正方形**（整形方式如P.20），翻面後放上切成片狀的高融點切達乳酪（圖**b**），緊密的捲成**圓柱體**（圖**c**）。

5 放入土司模內（圖**d**），蓋好上蓋進行最後發酵約60分鐘，麵糰發至模型9分滿（圖**e**）。

6 放入已預熱的烤箱中，以上火190℃、下火200℃烘烤約30分鐘，出爐後即刻脫模。

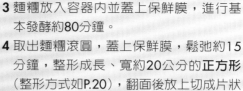

竹炭乳酪土司

參考份量 **1** 個

烤模 ▶ 第38頁圖B

TIPS ▶

◆捲麵糰時，儘量緊密的捲起，乳酪與麵糰才不易分離。

◆烘烤後如上蓋黏住麵糰無法打開，則表示尚未上色定型需繼續烘烤。

香濃小土司

材料 ▶

A 湯種麵糰：高筋麵粉15克　鮮奶65克
B 高筋麵粉200克　細砂糖30克　鹽1/4小匙
　　奶粉10克　鮮奶100克
　　即溶酵母粉3克（1/2小匙+1/4小匙）
C 無鹽奶油20克
D 內餡：肉桂粉5克　粗砂糖20克
　　碎核桃（烤熟的）65克

做法 ▶

1 材料A全部放入鍋內，先用橡皮刮刀攪勻
　（圖**a**），再用小火邊煮邊攪煮成糰狀（圖
　b），取出放涼蓋上保鮮膜，冷藏約60分鐘
　後備用。
2 **做法1**的麵糰和材料B全部混合，先用慢速
　攪拌成糰，再用中速攪成稍具光滑狀。
3 加入無鹽奶油用慢速攪入，再用中速攪成具
　延展性的麵糰。
4 麵糰放入容器內並蓋上保鮮膜，進行基本發
　酵約80分鐘。
5 內餡：肉桂粉加粗砂糖及碎核桃混勻備用。
6 麵糰分割成4等份，滾圓後蓋上保鮮膜，鬆
　弛約15分鐘。
7 分別整形成長約22公分、寬約10公分的**橢
　圓形**（整形方式如P.20），翻面後鋪上約1/4
　份量的內餡（圖**c**），用手壓平後兩邊對折黏
　緊，封口朝下將兩條麵糰編成麻花狀。
8 放入已抹油的鋁製烤模內（圖**d**），蓋上保
　鮮膜，進行最後發酵約30分鐘，麵糰發至
　模型9分滿的高度，在模型表面蓋上一
　張抹過油的鋁箔紙及烤盤。
9 放入已預熱的烤箱中，以上下火180
　℃烘烤約25分鐘，出爐後即刻脫模。

參考份量 **2** 個
烤模 ▶ 第39頁圖K

TIPS ▶
◆烘烤時烤模表面蓋鋁箔紙及烤盤，可防止麵糰
　烘烤膨脹超出烤模，使最後成品成平面狀。
◆麵糰編成麻花狀時，不用刻意編得太緊密，手
　法自然即可，但須注意頭尾要確實黏緊。

a　　　　b　　　　c　　　　d

92

烤模 ▶ 第38頁圖D

參考份量 2 個

◆麵糰裝入模型時,需正面朝下,脫模後的底部麵糰即成正面。

◆烘烤後如上蓋黏住麵糰無法打開,則表示尚未上色定型需繼續烘烤。

材料 ▶

A 高筋麵粉180克　細砂糖20克
即溶酵母粉3克(1/2小匙+1/4小匙)
鹽1/4小匙　奶粉20克　水110克

B 無鹽奶油15克

C 內餡:無鹽奶油30克　糖粉15克
蛋黃15克　奶粉2小匙　椰子粉50克

D 裝飾:蛋白20克　椰子粉50克

做法 ▶

1 材料A全部混合,先用慢速攪拌成糰,再用中速攪成稍具光滑狀的麵糰。

2 加入無鹽奶油用慢速攪入,再用中速攪成可拉出大片薄膜的麵糰。

3 麵糰放入容器內並蓋上保鮮膜,進行基本發酵約60分鐘。

4 內餡:無鹽奶油放在室溫下軟化,分別加入糖粉、蛋黃攪拌,再同時加入奶粉及椰子粉,用橡皮刮刀拌成糰狀備用。

5 麵糰分割成2等份,滾圓後蓋上保鮮膜,鬆弛約10分鐘,分別整形成長約24公分、寬約14公分的**長方形**(整形方式如P.20),翻面後放上1/2份量的內餡(圖**a**),輕輕的捲成**圓柱體**。

6 將麵糰整面刷上蛋白,並沾裹均勻的椰子粉(圖**b**),放入三角形的烤模內(圖**c**),蓋好上蓋,進行最後發酵約60分鐘。

7 麵糰發至模型的9分滿(圖**d**),放入已預熱的烤箱中,以上火190℃、下火210℃烘烤約22分鐘,出爐後即刻脫模。

a　　　　b　　　　c　　　　d

a

b

TIPS ▶

◆掌握麵糰最後發酵的狀態，開始時可將上蓋打開，當麵糰超出模型高度約3公分時，即必須將上蓋蓋好，以免發得過高上蓋無法密合。

全麥芝麻土司

參考份量 1 個

烤模 ▼ 第38頁圖E

材料 ▶

A 中種麵糰：全麥麵粉130克
高筋麵粉95克　即溶酵母粉4克（1小匙）
水150克

B 主麵糰：高筋麵粉95克　鹽1/2小匙
蜂蜜25克　水50克

C 無鹽奶油15克　黑芝麻2大匙

做法 ▶

1 材料A全部混合，用慢速攪拌成糰即可，蓋上保鮮膜進行基本發酵約90分鐘。

2 **做法1**的麵糰與材料B全部混合，先用慢速攪拌成糰，再用中速攪成稍具光滑狀的麵糰。

3 加入無鹽奶油用慢速攪入，再用中速攪成具延展性麵糰，加入黑芝麻，以慢速攪勻。

4 麵糰放入容器內並蓋上保鮮膜，進行第二次發酵約60分鐘。

5 取出麵糰滾圓，蓋上保鮮膜鬆弛約15分鐘。

6 麵糰擀成長約30公分、寬約22公分的**長方形**（整形方式如P.20），翻面後輕輕捲成**圓柱體**，放入烤模內，蓋好上蓋進行最後發酵約70分鐘，麵糰發至超出模型約3-4公分的高度。（**圖a**）

7 放入已預熱的烤箱中，以上火200℃、下火210℃烘烤約30分鐘，出爐後即刻脫模。（**圖b**）

材料 ▶

A 中種麵糰：全麥麵粉120克
　　高筋麵粉85克　麩皮1大匙
　　即溶酵母粉4克（1小匙）　水130克

B 主麵糰：高筋麵粉85克　細砂糖15克
　　鹽1小匙　奶粉10克　水50克

C 無鹽奶油15克

做法 ▶

1 材料A全部混合，用慢速攪拌成糰即可，蓋上保鮮膜進行基本發酵約90分鐘。

2 做法**1**的麵糰與材料B全部混合，先用慢速攪拌成糰，再用中速攪成稍具光滑狀。

3 加入無鹽奶油用慢速攪入，再用中速攪成可拉出大片薄膜的麵糰。

4 麵糰放入容器內並蓋上保鮮膜，進行第二次發酵約60分鐘。

5 麵糰分割成3等份，滾圓後蓋上保鮮膜鬆弛約15分鐘。

6 麵糰擀成長約20公分、寬約10公分的**橢圓形**（整形方式如P.20），翻面後輕輕捲成**圓柱體**，分別放入土司模內，蓋好上蓋進行最後發酵約50分鐘，麵糰發至模型的9分滿即可。

7 放入已預熱的烤箱中，以上火190℃、下火210℃烘烤約30分鐘，出爐後即刻脫模。

TIPS ▶
◆麵糰的攪拌方式、整形方式與P.90的白土司相同。
◆麵糰放入土司模內，先放在中間部位，再分別放入左右兩邊，要等距離排放。
◆烘烤後如上蓋黏住麵糰無法打開，表示表面尚未上色定型，需繼續烘烤。

全麥土司

參考份量 **1** 個

烤模 ▼ 第**38**頁圖**B**

a　　　　　　　　b

c

（整形方式如P.21）

優格波蘿土司

參考份量 1 個

烤模▼第38頁圖A

TIPS ▶

◆波蘿皮麵糰製作好後，可先冷藏20分鐘較容易整形。

◆未帶蓋的土司，烘烤約20分鐘後，如表面已完全上色，則將上火降10-20℃，下火不變；或是將表面蓋上鋁箔紙，避免上色過深。

◆麵糰編成辮子狀，不用刻意編得太緊密，手法自然即可。

材料 ▶

A 高筋麵粉250克　細砂糖35克
　　鹽1/4小匙　原味優格80克
　　即溶酵母粉3克（1/2小匙+1/4小匙）
　　水80克

B 無鹽奶油20克

C 波蘿皮：無鹽奶油40克　糖粉30克
　　全蛋15克　低筋麵粉55克　奶粉10克

做法 ▶

1 材料A全部混合，先用慢速攪拌成糰，再用中速攪成稍具光滑狀的麵糰。

2 加入無鹽奶油用慢速攪入，再用中速攪成具延展性的麵糰。

3 麵糰放入容器內並蓋上保鮮膜，進行基本發酵約80分鐘。

4 波蘿皮：無鹽奶油放在室溫下軟化，分別加入糖粉、全蛋攪拌，再同時加入麵粉及奶粉，用橡皮刮刀拌成光滑的糰狀備用。

5 麵糰分割成3等份，滾圓後蓋上保鮮膜，鬆弛約15分鐘，分別整形成長約30公分的**長條形**（整形方式如P.21），編成辮子後放入土司模內，用手輕輕壓平，蓋上保鮮膜進行最後發酵約60分鐘。

6 **做法4**的波蘿皮麵糰，放在保鮮膜上，用刮板整形成長、寬與烤模相同的尺寸。（**圖a**）

7 麵糰發至模型9分滿的高度，將**做法6**反扣在麵糰表面（**圖b**），再輕輕撕掉保鮮膜（**圖c**），並在表面刷上均勻的蛋黃液。

8 放入已預熱的烤箱中，以上火180℃、下火200℃烘烤約30分鐘，出爐後即刻脫模。

材料 ▶

A 培根3片　黑胡椒粉1/2小匙

B 高筋麵粉250克　細砂糖15克
　鹽1/2小匙　即溶酵母粉4克（1小匙）
　水150克

C 無鹽奶油20克　洋蔥絲30克
　披薩起士絲40克　黑胡椒粉1/8小匙

做法 ▶

1 培根切成細末，用小火炒乾炒香，熄火
　後瀝掉多餘的油脂（**圖a**），加入黑胡椒
　粉調味（**圖b**），放涼備用。

2 材料B全部混合，先用慢速攪拌成糰，再
　用中速攪成稍具光滑狀的麵糰。

3 加入無鹽奶油用慢速攪入，再用中速攪
　成可拉出大片薄膜的麵糰。

4 加入**做法1**的材料，用慢速攪勻，麵糰放
　入容器內並蓋上保鮮膜，進行基本發酵
　約80分鐘。

5 取出麵糰滾圓，蓋上保鮮膜鬆弛約15分
　鐘，整形成長約20公分、寬約15公分的
　長方形（整形方式如P.20），翻面後輕輕
　捲成**圓柱體**，放入土司模內，進行最後
　發酵約50分鐘。

6 麵糰發至模型的9分滿，表面鋪上洋蔥絲
　及披薩起士絲並撒上黑胡椒粉。（**圖c**）

7 放入已預熱的烤箱中，以上火180℃、下
　火190℃烘烤約30分鐘，出爐後即刻脫
　模。

TIPS ▶

◆ 未帶蓋的土司，烘烤約20分鐘後，如表面已
　完全上色，則將上火降10-20℃，下火不變；
　或是將表面蓋上鋁箔紙，避免上色過深。

◆ 培根經過加熱，即會釋放油脂，因此鍋內不需
　放油即可炒香；使用前儘量去除油脂的部分。

◆ 模型內可另外墊一張蛋糕紙，以便直接拎起
　蛋糕紙方便脫模。

香煎培根土司

烤模 ▼ 第38頁圖A

參考份量 1 個

a

b

c

a

b

c

三色土司

參考份量 **1** 個

烤模 ▼ 第38頁圖B

材料 ▶

A 高筋麵粉300克　細砂糖30克
　鹽1/4小匙
　即溶酵母粉5克（1又1/4小匙）
　水180克

B 無鹽奶油20克　抹茶粉1/2小匙
　咖哩粉1/2小匙　紅麴醬1小匙

做法 ▶

1 材料A全部混合，先用慢速攪拌成糰，再用中速攪成稍具光滑狀的麵糰。

2 加入無鹽奶油用慢速攪入，再用中速攪成可拉出稍透明薄膜的麵糰。

3 麵糰分割成3等份，分別加入抹茶粉、咖哩粉及紅麴醬，搓揉均勻呈三色麵糰，分別放入容器內，蓋上保鮮膜，進行基本發酵約60分鐘。

4 取出麵糰滾圓，蓋上保鮮膜，鬆弛約10分鐘，分別整形成長約30公分、寬約15公分的**橢圓形**（**圖a**）（整形方式如P.20），再捲成**長條形**（**圖b**），編成辮子後（**圖c**）放入土司模內，用手輕輕壓平。

5 蓋好上蓋，進行最後發酵約60分鐘，麵糰發至模型9分滿的高度。

6 放入已預熱的烤箱中，以上火190℃、下火200℃烘烤約30分鐘，出爐後即刻脫模。

TIPS ▶

◆麵糰編成辮子狀，不用刻意編得太緊密，手法自然即可。

◆烘烤後如上蓋黏住麵糰無法打開，則表示表面尚未上色定型，需繼續烘烤。

材料 ▶

A 起士麵糰（湯種）：切達起士片1片
　鮮奶70克　高筋麵粉20克

B 高筋麵粉260克　細砂糖40克
　鹽1/4小匙　即溶酵母粉4克（1小匙）
　水130克

C 無鹽奶油20克

D 耐高溫巧克力豆25克　無糖可可粉2大匙
　水1大匙

做法 ▶

1 材料A的切達起士片用手撕碎，再加鮮奶
　用小火邊煮邊攪至起士融化，再加入麵
　粉快速攪勻煮成糰狀，取出放涼，蓋上
　保鮮膜，冷藏約60分鐘後備用。（如
　P.102的切達乳酪土司**做法1**與**圖a**）

2 **做法1**的麵糰和材料B全部混合，先用慢
　速攪拌成糰，再用中速攪成稍具光滑狀
　的麵糰。

3 加入無鹽奶油用慢速攪入，再用中速攪
　成具延展性麵糰。

4 取約200克的麵糰，加入耐高溫巧克力豆
　慢速攪勻。

5 剩餘麵糰加入無糖可可粉與水1大匙慢速
　攪成均勻的可可麵糰，兩種麵糰分別放
　入容器內，蓋上保鮮膜進行基本發酵約
　80分鐘。

6 分別取出兩種麵糰，滾圓後蓋上保鮮
　膜，鬆弛約15分鐘。

7 可可麵糰整形成長、寬約20公分的**正方
　形**（整形方式如P.20），含巧克力豆的白
　色麵糰擀成長、寬約16公分的**正方形**，
　鋪在翻面後的可可麵糰上。（**圖a**）

8 麵糰輕輕捲起，放入土司烤模內，蓋好
　上蓋進行最後發酵約60分鐘。

9 麵糰發至模型9分滿的高度，放入已預熱
　的烤箱中，以上火190℃、下火200℃烘
　烤約30分鐘，出爐後即刻脫模。

可可雙色土司

參考份量 1 個

烤模 ▼ 第38頁圖B

a

TIPS ▶

◆為方便兩種麵糰的製作，可可麵糰利
　用機器攪拌的同時，即用手將耐高溫
　巧克力豆揉進白色麵糰中。

◆烘烤後如上蓋黏住麵糰無法打開，則
　表示表面尚未上色定型，需繼續烘
　烤。

杏仁奶香土司

烤模 ▼ 第38頁圖A

參考份量 1 個

單元3-2

材料 ▶

A 馬鈴薯麵糰（湯種）：馬鈴薯泥20克
高筋麵粉20克　水50克

B 高筋麵粉190-200克　細砂糖30克
鹽1/4小匙　水70克
即溶酵母粉3克（1/2小匙+1/4小匙）

C 無鹽奶油15克　葡萄乾60克

D 杏仁醬：無鹽奶油30克　糖粉30克
全蛋25克　杏仁粉30克　低筋麵粉5克

做法 ▶

1 材料A先用橡皮刮刀拌勻，再用小火邊煮邊攪成糰狀，取出放涼，蓋上保鮮膜，冷藏約60分鐘後備用。（**圖a**）

a

2 **做法1**的麵糰和材料B全部混合，先用慢速攪拌成糰，再用中速攪成稍具光滑狀的麵糰。

3 加入無鹽奶油用慢速攪入，再用中速攪成具延展性麵糰，加入葡萄乾，用慢速攪勻。

4 麵糰放入容器內並蓋上保鮮膜，進行基本發酵約80分鐘。

5 麵糰分割成2等份，滾圓後蓋上保鮮膜，鬆弛約15分鐘，整形成長約25公分的**長條形**（整形方式如P.21），編成麻花狀，放入土司模內。

6 蓋上保鮮膜，進行最後發酵約50分鐘。

7 **杏仁醬**：無鹽奶油在室溫下軟化，分別加入糖粉、全蛋攪打均勻，再同時加入杏仁粉及低筋麵粉，用橡皮刮刀拌成麵糊狀備用。

8 麵糰發至模型的7分滿，將杏仁醬輕輕抹在麵糰表面。

9 放入已預熱的烤箱中，以上火180℃、下火190℃烘烤約30分鐘，出爐後即刻脫模。

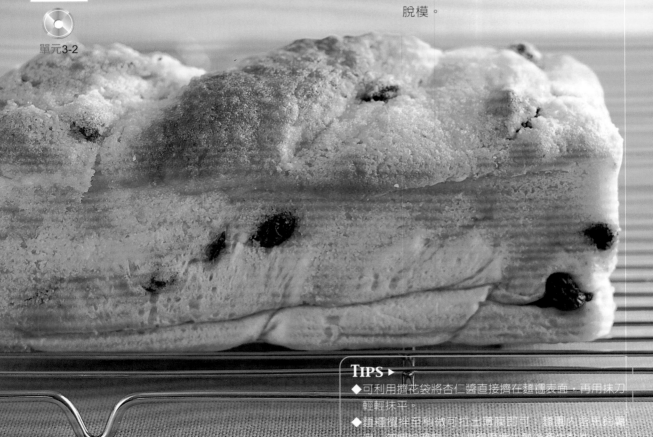

TIPS ▶

◆可利用擠花袋將杏仁醬直接擠在麵糰表面，再用抹刀輕輕抹平。

◆麵糰攪拌至稍微可拉出薄膜即可；麵團內含馬鈴薯泥，勿攪拌過度，以避免摩擦生熱後產生黏化。

材料 ▶

A 乳酪麵糰（湯種）：細砂糖20克
　　奶油乳酪（Cream Cheese）25克
　　鮮奶50克　高筋麵粉10克

B 高筋麵粉200克　細砂糖10克
　　鹽1/4小匙　水80克
　　即溶酵母粉3克（1/2小匙+1/4小匙）

C 無鹽奶油20克　耐高溫巧克力條6條
　　杏仁粒50克

做法 ▶

1 材料A的奶油乳酪放在室溫下軟化，再與
　其他材料放入鍋內，用橡皮刮刀攪勻，
　再用小火邊煮邊攪煮成糰狀，取出放涼
　蓋上保鮮膜，冷藏約60分鐘後備用。

2 **做法1**的麵糰和材料B全部混合，先用慢
　速攪拌成糰，再用中速攪成稍具光滑狀
　的麵糰。

3 加入無鹽奶油用慢速攪入，再用中速攪
　成具延展性麵糰。

4 麵糰放入容器內並蓋上保鮮膜，進行基
　本發酵約80分鐘。

5 取出麵糰滾圓，蓋上保鮮膜，鬆弛約15
　分鐘，整形成長約28公分、寬約20公分
　的**長方形**（整形方式如P.20），翻面後放
　上巧克力條，輕輕捲成**圓柱體**。（圖**a**）

6 麵糰整面刷上薄薄一層蛋白液，再沾裹
　杏仁粒（圖**b**），放入圓土司模內，進行
　最後發酵約60分鐘。

7 麵糰發至超出模型約3-4公分的高度（圖
　c）即蓋好上蓋，放入已預熱的烤箱中，
　以上火180℃、下火180℃烘烤約30分
　鐘，出爐後即刻脫模。

TIPS ▶

◆少量的麵糰在攪拌製作時較易沾黏攪拌
　缸，需停機用刮板做刮缸動作。

◆為掌握麵糰最後發酵的狀態，開始時可將
　上蓋打開，當麵糰超出模型高度約3公分
　時，即必須將上蓋蓋好，以免發得過高致
　上蓋無法密合。

巧克力夾心土司

參考份量 1 個

烤模 ▼ 第38頁圖 C

a

b

c

a   b

c   d

TIPS ▶

◆ 製作酥鬆粒時，奶油不需事先軟化，才能與粉料結成顆粒狀。

◆ 未帶蓋的土司，烘烤約20分鐘後，如表面已完全上色，則將上火降10-20℃，下火不變；或是將表面蓋上鋁箔紙，避免上色過深。

切達乳酪土司

參考份量 1 個

烤模 ▼ 第38頁圖A

材料 ▶

A 起士麵糰（湯種）：切達起士片1/2片
　鮮奶35克　高筋麵粉10克

B 高筋麵粉200克　細砂糖30克
　鹽1/4小匙　水90克
　即溶酵母粉3克（1/2小匙+1/4小匙）

C 無鹽奶油15克　蔓越莓乾35克

D 酥鬆粒（裝飾）：糖粉30克　奶粉5克
　低筋麵粉50克　無鹽奶油40克

做法 ▶

1 材料A的切達起士片用手撕碎，再加入鮮奶用小火邊煮邊攪至起士融化，再加入麵粉煮成糰狀（**圖a, b**），取出放涼，蓋上保鮮膜，冷藏約60分鐘後備用。

2 **做法1**的麵糰和材料B全部混合，先用慢速攪拌成糰，再用中速攪成稍具光滑狀的麵糰。

3 加入無鹽奶油用慢速攪入，再用中速攪

成具延展性麵糰。

4 加入切碎後的蔓越莓乾，以慢速攪勻，麵糰放入容器內並蓋上保鮮膜，進行基本發酵約80分鐘。

5 酥鬆粒：糖粉、低筋麵粉及奶粉先行混合，再加入切碎的無鹽奶油，用手輕輕搓揉成均勻的鬆散狀備用。（如P.43的鮮奶油麵包**做法6**與**圖c**）

6 麵糰分割成3等份，滾圓後蓋上保鮮膜，鬆弛約15分鐘。

7 分別整形成長約30公分的**長條形**（整形方式如P.21），編成辮子狀（**圖c**），放入土司烤模內，蓋上保鮮膜，進行最後發酵約60分鐘。

8 麵糰發至模型9分滿的高度，表面刷上均勻的蛋液，並撒上均勻的酥鬆粒（**圖d**）。放入已預熱烤箱中，以上火180℃、下火190℃烘烤約30分鐘，出爐後即刻脫模。

材料 ▶

A 中種麵糰：高筋麵粉160克
　　即溶酵母粉2克（1/2小匙）
　　蛋黃1個（18-20克）　水80克

B 主麵糰：高筋麵粉40克　細砂糖20克
　　鹽1/4小匙　奶粉10克
　　起士粉10克　水20克

C 無鹽奶油10克　葡萄乾50克

D 乳酪糊：奶油乳酪75克　糖粉20克
　　蛋黃20克　低筋麵粉10克

E 裝飾：杏仁片20克

做法 ▶

1 材料A全部混合，用慢速攪拌成糰即可，蓋上保鮮膜進行基本發酵約90分鐘。

2 **做法1**的麵糰與材料B全部混合，先用慢速攪拌成糰，再用中速攪成稍具光滑狀。

3 加入無鹽奶油用慢速攪入，再用中速攪成具延展性麵糰，加入切碎的葡萄乾，用慢速攪勻。

4 麵糰放入容器內並蓋上保鮮膜，進行第二次發酵約60分鐘。

5 **乳酪糊**：奶油乳酪放在室溫下軟化，分別加入糖粉及蛋黃攪勻，再加入低筋麵粉拌勻備用。取出麵糰滾圓，蓋上保鮮膜鬆弛約15分鐘。

6 麵糰擀成長、寬約20公分的**正方形**（整形方式如P.20），翻面後輕輕捲成圓柱體，正面朝上放入土司烤模內，蓋上保鮮膜進行最後發酵約60分鐘。

7 麵糰發至模型9分滿的高度，在表面抹上均勻的乳酪糊（**圖a**），並撒上適量的杏仁片。放入已預熱的烤箱中，以上火190℃、下火190℃烘烤約30分鐘，出爐後即刻脫模。

奶香葡萄乾土司

參考份量 **1** 個

烤模 ▼ 第38頁圖A

a

TIPS ▶

◆可將葡萄乾改成蔓越莓乾，使用前也需要切碎。

◆製作材料A的中種麵糰時，只要將所有材料攪拌成糰即可，不需要成光滑狀。（如P.65花生杏仁醬麵包的圖**a**）

a   b

c   d

TIPS ▶

◆未帶蓋的土司，烘烤約20分鐘後，如表面已完全上色，則將上火降10-20℃，下火不變；或是將表面蓋上鋁箔紙，避免上色過深。

豆漿麥片土司

參考份量 **1** 個 ｜ 烤模 ▼ 第38頁圖A

材料 ▶

A 麥片麵糰（湯種）：即食燕麥片15克
　高筋麵粉1小匙　豆漿（無糖）50克

B 高筋麵粉210克　細砂糖20克
　鹽1/4小匙　豆漿110克
　即溶酵母粉3克（1/2小匙+1/4小匙）

C 無鹽奶油20克
　無花果乾50克（切成細條狀）

D 裝飾：即食燕麥片1大匙

做法 ▶

1 材料A全部放入鍋內，先用橡皮刮刀攪勻，再用小火邊煮邊攪煮成糰狀，取出放涼，蓋上保鮮膜，冷藏約60分鐘後備用。（**圖a**）

2 **做法1**的麵糰和材料B全部混合，先用慢速攪拌成糰，再用中速攪成稍具光滑狀的麵糰。

3 加入無鹽奶油用慢速攪入，再用中速攪成具延展性麵糰。（**圖b**）

4 麵糰放入容器內並蓋上保鮮膜，進行基本發酵約80分鐘。

5 取出麵糰滾圓，蓋上保鮮膜，鬆弛約15分鐘，麵糰擀成長約20公分、寬約18公分的長方形（整形方式如P.20），翻面後鋪上無花果乾（**圖c**），用手壓平後輕輕捲成**圓柱體**。

6 圓柱體麵糰切割成3等份，切口朝上分別放入土司烤模內，用手輕輕壓平，蓋上保鮮膜，進行最後發酵約60分鐘。

7 麵糰發至模型9分滿的高度，刷上均勻的蛋液，並撒上即食燕麥片（**圖d**）。放入已預熱的烤箱中，以上火190℃、下火200℃烘烤約30分鐘，出爐後即刻脫模。

材料 ▶

A 麥片麵糰（湯種）：即食燕麥片20克
水50克

B 高筋麵粉250克　細砂糖20克
鹽1/2小匙　即溶酵母粉4克（1小匙）
奶粉20克　黑糖蜜20克　水120克

C 無鹽奶油15克　核桃（切碎）60克

D 裝飾：核桃25克　粗砂糖10克

做法 ▶

1 材料A先用橡皮刮刀拌勻（**圖a**），再用小
火邊煮邊攪煮成糰狀（**圖b**），取出放
涼，蓋上保鮮膜，冷藏約60分鐘後備
用。

2 材料B全部混合，先用慢速攪拌成糰，再
加入**做法1**的麵糰。

3 加入無鹽奶油用慢速攪入，再用中速攪

成具延展性麵糰。

4 加入碎核桃，用慢速攪勻，麵糰放入容
器內並蓋上保鮮膜，進行基本發酵約80
分鐘。

5 取出麵糰滾圓，蓋上保鮮膜鬆弛約15分
鐘，整形成長約20公分、寬約15公分的
長方形（整形方式如P.20），翻面後輕輕
捲成**圓柱體**，正面朝上放入土司模內。
並蓋上保鮮膜，進行最後發酵約50分
鐘。

6 **裝飾**：將核桃切成細末與粗砂糖混合備
用。

7 麵糰發至模型的9分滿，表面刷上均勻的
蛋液，並撒上**做法6**的混合材料。

8 放入已預熱的烤箱中，以上火180℃、下
火190℃烘烤約30分鐘，出爐後即刻脫
模。

麥片核桃土司

參考份量 **1** 個　烤模 ▼ 第38頁圖A

a

b

TIPS ▶

◆未帶蓋的土司，烘烤約20分鐘後，如
表面已完全上色，則將上火降10-20
℃，下火不變；或是將表面蓋上鋁箔
紙，避免上色過深。

◆材料C與材料D的核桃都不需烤過，如
欲將材料C的核桃烤熟，可用上、下
火150℃烘烤10分鐘即可。

a

b

c

卡士達超軟土司

參考份量 **1** 個

烤模 ▼ 第38頁圖A

TIPS ▶
◆ 整形方式與P.90的白土司相同。
◆ 末帶蓋的土司，烘烤約20分鐘後，如表面已完全上色，則將上火降10-20℃，下火不變；或是將表面蓋上鋁箔紙，避免上色過深。

材料 ▶

A 卡式達醬：蛋黃1個　細砂糖10克
高筋麵粉15克　鮮奶65克

B 高筋麵粉250克　細砂糖30克
鹽1/2小匙　即溶酵母粉4克（1小匙）
奶粉15克　水100克

C 無鹽奶油25克

做法 ▶

1 材料A全部放入鍋內，先用打蛋器攪勻（圖a），再用小火邊煮邊攪煮成糊狀（圖b, c），取出放涼，蓋上保鮮膜，冷藏約60分鐘後備用。

2 **做法1**的材料和材料B全部混合，先用慢速攪拌成糰，再用中速攪成稍具光滑狀的麵糰。

3 加入無鹽奶油用慢速攪入，再用中速攪成具延展性麵糰。

4 麵糰放入容器內並蓋上保鮮膜，進行基本發酵約80分鐘。

5 麵糰分割成3等份，滾圓後蓋上保鮮膜，鬆弛約15分鐘，整形成長約18公分、寬約10公分的**橢圓形**（整形方式如P.20），翻面後輕輕捲成**圓柱體**，分別放入土司模內。

6 蓋上保鮮膜，進行最後發酵約60分鐘。麵糰發至模型的9分滿，表面刷上均勻的蛋液。

7 放入已預熱的烤箱中，以上火180℃、下火190℃烘烤約30分鐘，出爐後即刻脫模。

材料 ▶

A 高筋麵粉280克　紅糖50克　鹽1/4小匙
　　黑麥汁160克　即溶酵母粉4克（1小匙）
B 無鹽奶油20克
C **內餡**：奶油乳酪（Cream Cheese）65克
　　細砂糖15克　杏仁粉10克

做法 ▶

1 材料A全部混合，先用慢速攪拌成糰，再
用中速攪成稍具光滑狀的麵糰。

2 加入無鹽奶油用慢速攪入，再用中速攪
成具延展性麵糰。

3 麵糰放入容器內並蓋上保鮮膜，進行基
本發酵約80分鐘。

4 **內餡**：奶油乳酪放在室溫下軟化，加細
砂糖攪勻，再加入杏仁粉拌成細滑的乳
酪糊備用。

5 取出麵糰滾圓，蓋上保鮮膜，鬆弛約15
分鐘。

6 麵糰擀成長、寬約20公分的**正方形**（整
形方式如P.20），翻面後抹上均勻的內
餡，輕輕捲成**圓柱體**，正面朝上放入土司
烤模內，進行最後發酵約60分鐘。

7 麵糰發至模型7分滿的高度，刷上均勻的
蛋液，放入已預熱的烤箱中，以上火180
℃、下火180℃烘烤約30分鐘，出爐後即
刻脫模。

> **TIPS ▶**
> ◆杏仁粉可先用上、下火120℃烘烤約10分
> 　鐘，放涼後再與其他材料混合。
> ◆烤模也可改成卡士達超軟土司（P.106）
> 　使用的烤模。

麥汁紅糖土司

參考份量 **1** 個

烤模 ▶ 第38頁圖B

單元3-3

混合不同的麵粉、麥粉製成，雖然外表粗獷，卻能真正品嚐到麵包所散發的天然麥香與甜味。嚼勁十足，且頗耐人細細品味，尤其可靈活搭配不同料理，沾著菜餚剩餘的醬汁食用，當成餐桌上的第二支叉子，堪稱是美味的主食麵包。

Part

4

歐風田園 主食麵包

麵糰特性 ▶ 麵糰不需刻意攪拌至過於細緻，只要呈現延展性即可；份量大的麵糰需發酵，才更能讓麵包釋放天然的香氣與美味。

烘烤方式 ▶ 份量大的麵糰，烘烤過程中，如表面已完全上色，則將上火降10-20°C，下火不變；或是將表面蓋上鋁箔紙，避免上色過深。

a

b

c

TIPS ▶
◆可依個人的偏好，將麵糰表面的大蒜更換成義大利黑橄欖、迷迭香或九層塔等。

佛卡恰

參考份量 **1** 個

材料 ▶

A 高筋麵粉300克　細砂糖10克　鹽1/2克
即溶酵母粉4克（1小匙）　水170克
橄欖油10克

B 橄欖油1大匙　大蒜（切片）5-6粒
鹽與黑胡椒適量

做法 ▶

1 材料A全部混合，用慢速攪拌成鬆散狀時，即可加入橄欖油10克，再用中速攪成光滑的麵糰。

2 麵糰放入容器內並蓋上保鮮膜，進行基本發酵約60分鐘。

3 取出麵糰滾圓，蓋上保鮮膜，鬆弛約10分鐘。

4 麵糰擀成直徑約20-25公分的**圓餅形**（整型方式如P.20）。在麵糰表面剪上小刀口（**圖a**），並刷上均勻的橄欖油，接著在所剪的刀口處插上大蒜片（**圖b**），撒上適量的鹽及黑胡椒。（**圖c**）

5 進行最後發酵約20分鐘，放入已預熱的烤箱中，以上火190℃、下火170℃烘烤約25分鐘。

關於佛卡恰 *About Focaccia*

佛卡恰（Focaccia），緣於義大利北方，為義大利傳統家常麵包。佛卡恰純樸的厚實大餅外型卻是現今披薩的前身，這道義大利的主食麵包，製作過程並不講究，無論做成圓形或方形，最大的特色是用手指在麵糰表面戳出一個個的洞，也可隨興在麵糰表面剪些小刀口或用竹籤插洞，在抹上大量橄欖油之後，以適量的鹽及黑胡椒調味，然後再撒上各式香料，放些大蒜、黑橄欖、起司、火腿等當作配料；或是放上自己喜愛的食材，即成簡單的美味麵包。

材料 ▶

A 小米30克　水85克

B 高筋麵粉200克　全麥麵粉80克
紅糖15克　鹽1/4小匙
即溶酵母粉4克（1小匙）　黑啤酒160克

C 無鹽奶油15克

D 裝飾：高筋麵粉50克（整形時使用）

做法 ▶

1 將材料A的小米洗乾淨後瀝乾水分，再加入85克的水浸泡3小時以上。之後連同浸泡的水分，用小火煮至水分收乾（圖**α**），取出放涼，蓋上保鮮膜，冷藏約30分鐘後備用。

2 做法**1**的材料與材料B全部混合，先用慢速攪拌成糰，再用中速攪成稍具光滑的麵糰。

3 加入無鹽奶油用慢速攪入，再用中速攪成稍具延展性的麵糰。

4 麵糰放入容器內並蓋上保鮮膜，進行基本發酵約80分鐘。

5 麵糰分割成4等份，**滾圓**後整面沾裹高筋麵粉，放入烤模內，進行最後發酵約45分鐘。

6 放入已預熱的烤箱中，以上火180℃、下火190℃烘烤約20分鐘。

TIPS ▶

◆材料中含黑啤酒，攪拌時易出現黏性，可用中速與慢速交替攪拌，成糰後稍具延展性即可。

◆麵糰整形後整面裹上均勻的高筋麵粉，放入鐵弗龍防沾烤模內，如無法取得防沾烤模，則將麵糰直接放入烤盤上烘烤，火溫改成上火190℃、下火170℃。

黑啤酒麵包

參考份量 **4** 個

烤模 ▼ 第39頁圖L

a

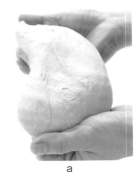

a

b

c

德式裸麥麵包

參考份量 **3** 個

材料 ▶

A 高筋麵粉200克　裸麥粉100克
　細砂糖20克　鹽1/2小匙
　即溶酵母粉5克（1又1/4小匙）
　水150克
B 無鹽奶油15克
C 裝飾：高筋麵粉50克（整形時使用）

做法 ▶

1 材料A全部混合，先用慢速攪拌成糰，再用中速攪成稍具光滑狀。

2 加入無鹽奶油用慢速攪入，再用中速攪成稍具光滑的麵糰。（圖**a**）

3 麵糰放入容器內並蓋上保鮮膜，進行基本發酵約80分鐘。

4 麵糰分割成3等份，滾圓後整面沾裹高筋麵粉放入烤盤（圖**b**），進行最後發酵約35分鐘。

5 麵糰表面切5個刀口（圖**c**），繼續發酵約15分鐘。

6 放入已預熱的烤箱中，以上火200℃、下火160℃烘烤約22分鐘。

TIPS ▶

◆ 麵糰內的水分含量低，同時因裸麥粉不具筋性，故不易出現延展性，因此攪拌成糰即可。

材料 ▶

A 高筋麵粉200克　細砂糖15克
　　鹽1/2小匙　水115克
　　即溶酵母粉2克（1/2小匙）

B 橄欖油15克　黑橄欖20克
　　高筋麵粉（整形時使用）50克

做法 ▶

1 材料A全部混合，以慢速攪拌成鬆散狀，即可加入橄欖油，用中速攪成光滑稍具延展性麵糰。

2 加入切片後的黑橄欖，用慢速攪勻。

3 麵糰放入容器內並蓋上保鮮膜，進行基本發酵約80分鐘。

4 取出麵糰滾圓，蓋上保鮮膜鬆弛約10分鐘。

5 麵糰整面沾裹高筋麵粉，將麵糰擀成長、寬約20公分的正方形（整形方式如P.20），切割成2等份，放入烤盤，進行最後發酵約40分鐘。

6 放入已預熱的烤箱中，以上火200℃、下火160℃烘烤約25分鐘。

TIPS ▶
◆黑橄欖切片後，需用廚房紙巾將水分擦乾，再拌入麵糰中。
◆黑橄欖多為進口產品，在一般超市即有販售。

拖鞋麵包

參考份量 **2** 個

單元4-1

關於拖鞋麵包 *About Ciabatta*

拖鞋麵包（Ciabatta），義大利的代表麵包之一，以其外形如拖鞋一般而成名。道地的拖鞋麵包是以長時間的液體發酵法製作而成，麵包組織有著大小不一的光澤孔洞，外脆內軟的微酸口感越嚼越香，尤其沾橄欖油食用非常爽口；或是將麵包剖開後，夾上各式食材，當作三明治食用更是美味；另外也可添加香料或黑橄欖於麵糰中，變化不同的風味。書上的拖鞋麵包是以較省時的直接發酵法完成，不過如能在低溫環境慢慢發酵，最後的成品也是風味十足。

鄉村麵包

參考份量 **1** 個

材料 ▶

A 中種麵糰：高筋麵粉300克　水170克
　　細砂糖10克　鹽1/2小匙
　　即溶酵母粉5克（1又1/4小匙）
　　檸檬汁1/2小匙

B 主麵糰：高筋麵粉100克　細砂糖10克
　　水60克

C 無鹽奶油15克
　　高筋麵粉50克（整形時使用）

做法 ▶

1 材料A全部混合，用慢速攪拌成糰即可，
　蓋上保鮮膜進行基本發酵約3小時。

2 **做法1**的麵糰與材料B全部混合，用慢速
　攪成稍具光滑狀。

3 加入無鹽奶油用慢速攪入，再用中速攪
　成具延展性麵糰。

4 麵糰放入容器內並蓋上保鮮膜，進行第
　二次發酵約50分鐘。

5 取出麵糰**滾圓**，整面沾裹均勻的高筋麵
　粉，放入烤盤進行最後發酵約40分鐘。

6 於麵糰表面切上交叉刀口，繼續發酵約
　20分鐘。

7 放入已預熱的烤箱中，以上火190℃、下
　火160℃烘烤約35分鐘。

TIPS ▶

◆大份量的麵糰烘烤時，為配合個人烤箱
　的空間與方便性，可將麵糰分割成適當
　大小製作。

◆材料A可放在冷藏室進行基本發酵，時
　間約12小時。

◆份量大的麵糰**滾圓**，其整形方式如
　P.18。

材料 ▶

A 高筋麵粉100克　裸麥粉100克
　全麥麵粉100克　細砂糖15克　鹽1小匙
　即溶酵母粉5克（1又1/4小匙）
　水160克

B 無鹽奶油20克　胚芽20克
　高筋麵粉100克（整形時使用）

做法 ▶

1 材料A全部混合，先用慢速攪拌成糰，再用中速攪成稍具光滑狀。

2 加入無鹽奶油用慢速攪入，再用中速攪成光滑的麵糰，接著加入胚芽慢速攪勻。

3 麵糰放入容器內並蓋上保鮮膜，進行基本發酵約80分鐘。

4 取出麵糰滾圓，蓋上保鮮膜，鬆弛約15分鐘。

5 麵糰擀成長、寬約20公分的**正方形**（整形方式如P.20）；翻面後輕輕捲成圓柱體，沾裹高筋麵粉後，封口朝上放入藤籃內（**圖a**），進行最後發酵約50分鐘。

6 從藤籃內取出麵糰，正面朝上放入烤盤，橫切3個刀口（**圖b**），繼續發酵10分鐘。

7 放入已預熱的烤箱中，以上火200℃、下火160℃烘烤約30分鐘

TIPS ▶

◆麵糰在整形後放入藤籃內進行最後發酵，可避免麵糰的外型在發酵中擴散；如無法取得藤籃，將麵糰放在烤盤上發酵即可。

◆需將麵糰的正面放入藤籃底部，封口並確實黏緊，以避免最後發酵時，黏接處被撐開。麵糰自藤籃取出欲進行烘烤時，應將正面朝上放入烤盤。

高纖胚芽麵包

藤籃 ▼ 第38頁

參考份量 1 個

a

b

 單元4-2

麥穗麵包

參考份量 **2** 個

材料 ▶

A 高筋麵粉100克　全麥麵粉100克
　　細砂糖10克　　鹽1/4小匙
　　帕米善（Parmesan）起士粉1大匙
　　即溶酵母粉3克（1/2小匙+1/4小匙）
　　水130克
B 無鹽奶油15克
C 內餡：杏仁粉30克　糖粉30克
D 裝飾：白芝麻1大匙

做法 ▶

1 材料A全部混合，先用慢速攪拌成糰，再
　用中速攪成稍具光滑狀。
2 加入無鹽奶油用慢速攪入，再用中速攪
　成光滑具延展性麵糰。
3 麵糰放入容器內並蓋上保鮮膜，進行基
　本發酵約80分鐘。
4 **內餡**：杏仁粉先用上、下火120℃烘烤10
　分鐘左右，放涼後與糖混粉合備用。
5 麵糰分割成2等份，滾圓後蓋上保鮮膜鬆
　弛約10分鐘。
6 麵糰分別擀成長約35公分的**橢圓形**（整
　形方式如P.20）。
7 翻面後刷上薄薄一層蛋液，再鋪上均勻
　的內餡，用手輕輕壓平，將麵糰緊密捲
　成長條形，封口朝下放入烤盤。

8 剪刀傾斜30度角在麵糰表面剪出12個刀口，將麵糰一左一右拉出轉成麥穗狀，蓋上保鮮膜，進行最後發酵約30分鐘。

9 刷上均勻的蛋液，撒上少許的白芝麻。

10 放入已預熱的烤箱中，以上火200℃、下火160℃烘烤約18分鐘。

TIPS ▶

◆需緊密的捲成長條形，如此一來剪後呈圈狀的小麵糰才不會鬆散。

◆注意不可以將麵糰底部剪斷。

關於麥穗麵包 *About Epi*

麥穗麵包（Epi），通常都是由法國長棍麵包（Baguette）演變而來，將長條狀的麵糰剪成一塊塊的小麵糰，因為麵糰整形後有如麥穗般，而取名為「麥穗麵包」。坊間見到的麥穗麵包多是包著培根片，並以蒸氣烤箱將表皮烤得金黃酥脆又具光澤感，本書顧慮一般家庭無法以如此方式製作，因此以全麥麵粉用一般麵包的方式來製作，當然，還可依個人的口味偏好來變換內餡，成品烤熟後，如同黃澄澄的麥穗，掰下一小塊來吃方便，又具有另一種麵包的品嚐樂趣，咀嚼中還帶有天然的麥香及甜味。

德式 小餐包

材料 ▶

A 高筋麵粉250克　細砂糖1小匙　鹽1/2小匙
　即溶酵母粉3克（1/2小匙+1/4小匙）
　水150克

B 無鹽奶油10克

C 鹼水：水750克　小蘇打粉1/2小匙
　鹽1又1/2小匙

D 裝飾：帕米善（Parmesan）起士粉1小匙

做法 ▶

1 材料A全部混合，先用慢速攪拌成糰，再用
中速攪成稍具光滑狀。

2 加入無鹽奶油用慢速攪入，再用中速攪成光滑
具延展性麵糰。

3 麵糰放入容器內並蓋上保鮮膜，進行基本發酵
約80分鐘。

4 麵糰分割成5等份，滾圓後分別放在蛋糕
紙上，鬆弛約20分鐘。

5 鹼水：水加入小蘇打粉及鹽一起煮至
沸騰。

6 蛋糕紙連同麵糰一起
放入沸騰的鹼水中
（圖**a**），整面川燙約5
秒鐘後取出放入烤
盤，麵糰表面撒上少
許帕米善起士粉。

7 放入已預熱的烤箱
中，以上火200℃、
下火160℃烘烤約18分鐘。

a

TIPS ▶

◆麵糰底部墊上蛋糕紙，可方
便取出發酵過的麵糰。

◆川燙後的麵糰，不用再發酵
而需立刻烘烤，如P.154的貝
果製作方式。

◆滾圓後的麵糰呈**圓球形**（整
形方式如P.20），即是成品造
型，需將底部確實黏緊，烘
烤後才不會爆開。

英國生薑麵包

材料 ▶

A 高筋麵粉250克　細砂糖25克
鹽1/2小匙
即溶酵母粉4克（1小匙）
薑母粉（Ginger Powder）1小匙
蛋黃1個（約15-18克）　水130克
B 無鹽奶油20克

做法 ▶

1 材料A全部混合，先用慢速攪拌成
糰，再用中速攪成稍具光滑狀的麵
糰。

2 加入無鹽奶油用慢速攪入，再用中
速攪成光滑具延展性的麵糰。

3 麵糰放入容器內並蓋上保鮮膜，進
行基本發酵約80分鐘。

4 麵糰分割成10等份，**滾圓**後每兩個
麵糰放入同一烤模內，蓋上保鮮
膜，進行最後發酵約30分鐘。

5 麵糰表面刷上均勻的蛋液，放入已
預熱的烤箱中，以上火190℃、下
火190℃烘烤約18分鐘。

> **TIPS ▶**
> ◆可依個人口味酌量增減薑母粉的份
> 量。

羅勒麵包

參考份量 **3** 個

材料 ▶

A 高筋麵粉150克　裸麥粉100克
　鹽1/2小匙　黑糖蜜20克　水90克
　即溶酵母粉3克（1/2小匙+1/4小匙）
　原味優格35克
B 橄欖油10克
　乾燥羅勒葉（Basil Leaves）1/2小匙

做法 ▶

1 材料A全部混合，以慢速攪拌成鬆散狀，
　即可加入橄欖油，用中速攪成稍具光滑
　狀的麵糰。（**圖a**）
2 加入乾燥羅勒葉，用慢速攪勻。
3 麵糰放入容器內並蓋上保鮮膜，進行基
　本發酵約80分鐘。
4 麵糰分割成3等份，**滾圓**後放入烤盤，蓋
　上保鮮膜，進行最後發酵約25分鐘。
5 於麵糰表面切上交叉刀口
　（**圖b**），繼續發酵20分鐘。

6 用噴水槍在麵糰表面噴上均勻的水
　氣後（**圖c**），立刻送入已預熱的烤箱
　中，以上火190℃、下火160℃烘烤
　約25分鐘。

TIPS ▶
◆在麵糰表面噴些霧氣，避免成品表皮過
　硬；也可在表面刷上蛋白液。

a　　　　　　　　b　　　　　　　　c

參考份量 **4** 個

材料▶

A 高筋麵粉250克　細砂糖20克
　鹽1小匙　即溶酵母粉4克（1小匙）
　水150克
B 橄欖油20克
　紅辣椒20克（去籽重量）
C 裝飾：蛋白20克　白芝麻50克

做法▶

1 材料A全部混合，用慢速攪拌成鬆散狀，
　即可加入橄欖油，再用中速攪成稍具延
　展性麵糰。
2 加入切碎的紅辣椒，用慢速攪勻。
3 麵糰放入容器內並蓋上保鮮膜，進行基
　本發酵約80分鐘。
4 麵糰分割成4等份，**滾圓**後刷上
　均勻的蛋白，再沾裹白芝
　麻，放入烤盤，進行最後
　發酵約25分鐘。
5 用筷子將麵糰壓成兩半
　（壓到麵糰底部，但勿壓
　斷），繼續發酵10分鐘。
6 放入已預熱的烤箱中，以上
　火190℃、下火160℃烘烤約
　22分鐘。

TIPS ▶
◆可依個人的嗜辣程度，選擇紅辣椒的品種
　與添加的份量。

品嚐麵包的同時，也可吸收食材中的營養素。舉凡各式堅果、乾果、五穀雜糧、枸杞、味噌、紅麴醬，甚至紅葡萄酒等，都可運用在麵包口味的變換上；不但增添食材本身所釋放的香氣、色澤、風味，還兼具品嚐時的好口感。

Part

5

五穀高纖 養生麵包

麵糰特性 ▶ 因麵糰中所添加的穀物或麥粉之故，檢視麵糰時如不黏手並可拉開
延展即可。

烘烤方式 ▶ 份量大的麵糰，烘烤過程中，如表面已完全上色，則將上火降10-
20℃，下火不變；或是將表面蓋上鋁箔紙，避免上色過深。

紅麴蔓越莓麵包

參考份量 **2** 個

烤模 ▼ 第39頁圖J

材料 ▶

A 高筋麵粉250克　細砂糖20克
　鹽1/4小匙　即溶酵母粉4克（1小匙）
　水140克　紅麴15克

B 無鹽奶油15克　蔓越莓乾（切碎）30克

C 蛋白20克　糖粉（裝飾）2大匙

做法 ▶

1 材料A全部混合，先用慢速攪拌成糰，再用中速攪成稍具光滑狀的麵糰。

2 加入無鹽奶油用慢速攪入，再用中速攪成具延展性麵糰。

3 加入蔓越莓乾，用慢速攪勻，麵糰放入容器內並蓋上保鮮膜，進行基本發酵約80分鐘。

4 麵糰分割成2等份，滾圓後蓋上保鮮膜，鬆弛約10分鐘。麵糰分別整形成長約30公分的**長條形**（整形方式如P.21），捲成圈狀放入抹油的派盤內，蓋上保鮮膜進行最後發酵約45分鐘。

5 麵糰刷上均勻的蛋液，放入已預熱的烤箱中，以上火180℃、下火190℃烘烤約25分鐘。

6 出爐放涼後，篩上適量的糖粉。

> **TIPS ▶**
> ◆麵糰捲成圈狀時，需將尾端確實黏緊再放入烤模內。

材料 ▶

A 高筋麵粉180克　全麥麵粉20克
　裸麥粉50克　黑糖15克　鹽1/4小匙
　即溶酵母粉4克（1小匙）
　青蘋果泥20克　水135克
B 無鹽奶油15克
C 內餡：奶油乳酪（Cream Cheese）75克
　細砂糖15克　青蘋果泥10克
　玉米粉1/2小匙
D 裝飾：青蘋果片14片　杏仁片10克
　金砂糖（二砂）1小匙

做法 ▶

1 材料A全部混合，先用慢速攪拌成糰，再用中速攪成稍具光滑狀的麵糰。

2 加入無鹽奶油用慢速攪入，再用中速攪成具延展性麵糰。（**圖a**）

3 麵糰放入容器內並蓋上保鮮膜，進行基本發酵約80分鐘。

4 內餡：奶油乳酪在室溫下軟化，分別加入細砂糖、青蘋果泥及玉米粉，攪成光滑的乳酪糊備用。

5 麵糰分割成2等份，滾圓後蓋上保鮮膜鬆弛約15分鐘，擀成長約22公分、寬約14公分的**長方形**（整形方式如P.20）；翻面後抹上內餡（**圖b**）並將麵糰兩邊對折黏緊。

6 蓋上保鮮膜進行最後發酵約30分鐘，麵糰表面橫切7個刀口，刷上均勻的蛋液，並將蘋果片插入切口內，撒上適量的杏仁片。（**圖c**）

7 繼續發酵約10分鐘，再將適量的金砂糖撒在蘋果片上。

8 放入已預熱的烤箱中，以上火190℃、下火160℃烘烤約28分鐘。

黑糖果香麵包

參考份量 **2** 個

a

b

c

TIPS ▶

◆切刀口時，先切中間部分，接著再切上、下各3刀即成7刀。

◆蘋果片插入刀口時，必須插到麵糰底部。

◆材料中所含的蘋果果泥，除增添麵包風味外，其中所含的天然酵素，讓麵包組織更加柔軟。

a

b

c

枸杞麵包

參考份量 **7** 個

單元5-1

材料 ▶

A 枸杞15克　水70克

B 高筋麵粉280克　細砂糖10克
　鹽1/2小匙　即溶酵母粉4克（1小匙）
　奶粉20克　全蛋25克　水70克

C 無鹽奶油15克　黑芝麻（裝飾）1大匙

做法 ▶

1 枸杞加水70克浸泡1小時，再連同水分用
　料理機打成泥狀備用。

2 **做法1**的材料與材料B全部混合，先用慢
　速攪拌成糰，再用中速攪成稍具光滑狀。

3 加入無鹽奶油用慢速攪入，用中速攪成
　稍具光滑狀的麵糰。（**圖a**）

4 麵糰放入容器內並蓋上保鮮膜，進行基
　本發酵約80分鐘。

5 麵糰分割成7等份，**滾圓**後蓋上保鮮膜，
　鬆弛約10分鐘，再輕輕的壓成直徑約8公

分的**圓餅**，接著放入烤盤，鬆弛5分
鐘。（**圖b**）

6 麵糰邊緣剪出8個長約1公分開口（**圖c**），
　蓋上保鮮膜進行最後發酵約20分鐘。

7 麵糰刷上均勻的蛋液，沾上適量的黑
　芝麻。放入已預熱的烤箱中，以上火
　190℃、下火160℃烘烤約18分鐘。

TIPS ▶

◆枸杞使用前如需清洗，必須瀝乾並擦乾
　水分；再加70克水浸泡，要避免水分額
　外增加。

◆麵糰的8個刀口，剪時先剪出上、下、
　左、右4等份，接著分別在每一等份上
　各剪一刀即可。

◆枸杞具明目及其他諸多功效；加水打成
　泥狀製成麵包，呈天然的金黃色澤，非
　常討好。

材料 ▶

A 全麥麵粉250克　細砂糖15克
　　鹽1/2小匙　即溶酵母粉4克（1小匙）
　　蛋白45克　水110克
B 無鹽奶油15克　牛蒡絲35克　麩皮1大匙
C 裝飾：蛋白、白芝麻適量

做法 ▶

1 材料A全部混合，先用慢速攪拌成糰，再用中速攪成稍具光滑狀。
2 加入無鹽奶油用慢速攪入，再用中速攪成光滑具延展性麵糰。
3 加入牛蒡絲及麩皮，用慢速攪勻，麵糰放入容器內並蓋上保鮮膜，進行基本發酵約80分鐘。

4 麵糰分割成4等份，滾圓後刷上均勻的蛋白，並沾裹白芝麻，鬆弛約15分鐘。
5 輕輕的將麵糰壓平，再用擀麵棍從麵糰中心壓入直到底部，繼續發酵20分鐘。
6 放入已預熱的烤箱中，以上火190℃、下火160℃烘烤約18分鐘。

TIPS ▶
◆麵糰中心壓成凹洞狀，可讓成品呈平面式。

麩皮牛蒡麵包

參考份量 **4** 個

材料 ▶

A 切達起士片1片　高筋麵粉250克
　　細砂糖10克　鹽1/4小匙
　　即溶酵母粉4克（1小匙）　蛋白50克
　　水90克　黑糖蜜（Molasses）15克
B 橄欖油15克　南瓜子仁（切碎）80克

做法 ▶

1 切達起士片用手撕碎，與材料A的其他材料全部混合，以慢速攪拌成鬆散狀，即可加入橄欖油，用中速攪成光滑具延展性麵糰。

2 加入切碎的南瓜子仁，以慢速攪勻，麵糰放入容器內並蓋上保鮮膜，進行基本發酵約80分鐘。

3 麵糰分割成2等份，滾圓後蓋上保鮮膜鬆弛約10分鐘，分別整形成長約25公分、寬約20公分的**長方形**（整形方式如P.20），翻面後輕輕捲成**圓柱體**。

4 慕斯框先放在烤盤上，再將麵糰放入慕斯框內，用手輕輕將麵糰壓平，並在麵糰表面插洞。

5 蓋上保鮮膜，進行最後發酵約30分鐘，麵糰刷上均勻的蛋液。

6 放入已預熱的烤箱中，以上火190℃、下火160℃烘烤約22分鐘。

TIPS ▶

◆麵糰表面插洞，可防止烘烤時表面鼓起。
◆**做法4**如P.141的黑麥片八寶麵包**做法7**。

烤模 ▶ 第39頁圖Ⅰ

參考份量 2 個

材料 ▶

A 南瓜子仁、核桃、杏仁片各25克
　熟的黑、白芝麻各1大匙
　葡萄乾、蔓越莓乾各20克
　蘭姆酒100克
B 全麥麵粉250克　細砂糖20克
　鹽1/2小匙　即溶酵母粉4克（1小匙）
　水140克
C 無鹽奶油15克

做法 ▶

1 南瓜子仁、核桃、杏仁片分別放在同一
烤盤上，以上、下火150℃烘烤約10分
鐘，葡萄乾、蔓越莓乾用蘭姆酒浸泡1小
時，使用前擠乾備用。

2 材料B全部混合，先用慢速攪拌成糰，再
用中速攪成稍具光滑狀。

3 加入無鹽奶油用慢速攪入，再用中速攪
成光滑具延展性麵糰。

4 加入材料1的所有材料，用慢速攪勻，麵
糰放入容器內並蓋上保鮮膜，進行基本
發酵約80分鐘。

5 麵糰分割成2等份，滾圓後蓋上保鮮膜，
鬆弛約10分鐘，整形成長約20公分的橄
欖形（整形方式如P.21），進行最後發酵
約30分鐘。

6 麵糰表面切上交叉刀口，繼續發酵約10
分鐘。

7 用噴水槍在麵糰表面噴上均勻的水氣
（見P.120的羅勒麵包**做法6**，如圖**c**），立
刻送入已預熱的烤箱中，以上火190℃、
下火160℃烘烤約25分鐘。

TIPS ▶
◆麵糰攪拌成具延展性不黏手即可。
◆葡萄乾、蔓越莓乾如不浸泡蘭姆酒，則需
切碎後再使用。

綜合果仁麵包

參考份量 2 個

a b

c d

e

紅酒葡萄乾麵包

參考份量 1 個

材料 ▶

A 葡萄乾60克　紅葡萄酒100克

B 高筋麵粉200克　細砂糖25克
鹽1/4小匙　紅葡萄酒加水120克
即溶酵母粉3克（1/2小匙+1/4小匙）

C 無鹽奶油10克

做法 ▶

1 葡萄乾加紅葡萄酒浸泡3小時以上（**圖a**），瀝乾後再用廚房紙巾將葡萄乾確實擦乾，剩餘的紅葡萄酒留著備用。

2 材料B全部混合，先用慢速攪拌成糰，再用中速攪成稍具光滑狀。

3 加入無鹽奶油用慢速攪入，再用中速攪成光滑具延展性麵糰。（**圖b**）

4 麵糰放入容器內並蓋上保鮮膜，進行基本發酵約80分鐘。

5 取出麵糰滾圓，蓋上保鮮膜，鬆弛約10分鐘。

6 麵糰擀成長約30公分、寬約20公分的**長方形**（整形方式如P.20）；翻面後鋪上**做法1**的葡萄乾約1/2面積（**圖c**），將麵糰對折，並用叉子將三面壓合黏緊（**圖d**），接著在表面插洞（**圖e**），蓋上保鮮膜進行最後發酵約30分鐘

7 麵糰刷上均勻的蛋液。放入已預熱的烤箱中，以上火180℃、下火160℃烘烤約25分鐘。

材料 ▶

A 高筋麵粉200克　紅糖35克（過篩後）
　　鹽1/4小匙　水130克
　　即溶酵母粉3克（1/2小匙+1/4小匙）
　　帕米善（Parmesan）起士粉1大匙
B 無鹽奶油15克
C 胚芽25克　葡萄乾、蔓越莓及無花果乾
　　（切細條狀）各20克
D 裝飾：蛋白20克　綜合穀粒100克

做法 ▶

1 材料A全部混合，先用慢速攪拌成糰，再
　用中速攪成稍具光滑狀。
2 加入無鹽奶油用慢速攪入，再用中速攪
　成光滑具延展性麵糰。
3 加入材料C的所有材料，用慢速攪勻，麵
　糰放入容器內並蓋上保鮮膜，進行基本
　發酵約80分鐘。

4 取出麵糰滾圓，蓋上保鮮膜鬆弛約10分
　鐘，整形成長約23公分、寬約15公分的
　長方形（整形方式如P.20），翻面後捲成
　圓柱體。
5 麵糰刷上均勻的蛋白，再整面沾裹綜合
　穀粒，接著放入烤模內，用手輕輕壓
　平，進行最後發酵約60分鐘。（**圖a**）
6 放入已預熱的烤箱中，以上火190℃、下
　火190℃烘烤約30分鐘。

> **TIPS ▶**
> ◆為掌握麵糰最後發酵的狀態，開始時可將
> 　上蓋打開，當麵糰超出模型高度約3公分
> 　時（**圖b**），即必須將上蓋蓋好，以免發
> 　得過高上蓋無法密合。
> ◆胚芽可先用上、下火150℃烘烤約10分
> 　鐘，較有香氣。

胚芽果乾麵包

參考份量 **1** 個

烤模 ▶ 第38頁圖C

a

b

五環黑糖蜜麵包

參考份量 **5** 個

單元5-2

材料 ▶

A 全麥麵糰（湯種）：全麥麵粉10克
　水70克

B 高筋麵粉150克　全麥麵粉100克
　紅糖25克　鹽1/4小匙
　即溶酵母粉3克（1/2小匙+1/4小匙）
　水100克　黑糖蜜20克

C 無鹽奶油15克　蛋白20克
　杏仁粒100克

做法 ▶

1 材料A先用橡皮刮刀拌勻，再用小火邊煮
　邊攪煮成糊狀，取出放涼，蓋上保鮮
　膜，冷藏約60分鐘後備用。

2 **做法1**的材料與材料B全部混合，先用慢
　速攪拌成糰，再用中速攪成稍具光滑
　狀。

3 加入無鹽奶油用慢速攪入，再用中速攪

成光滑具延展性麵糰。

4 麵糰放入容器內並蓋上保鮮膜，進行基
　本發酵約80分鐘。

5 麵糰分割成5等份，滾圓後蓋上保鮮膜，
　鬆弛約10分鐘。

6 麵糰整形成長約50公分的**長條形**（整形
　方式如P.21），再編成五環的形狀，將表
　面刷上均勻的蛋白，再沾裹杏仁粒，進
　行最後發酵約30分鐘。

7 放入已預熱的烤箱中，以上火190℃、下
　火160℃烘烤約18分鐘。

TIPS ▶

◆攪拌麵糰出現黏性時，宜改用慢速操作。

◆尺寸長的長條形，可依麵糰筋性，漸進式
　的慢慢搓揉，即可整成需要的長度。

▶ 132

材料 ▶

A 麥片麵糰（湯種）：即食燕麥片15克　糯米粉10克　水70克

B 高筋麵粉200克　紅糖20克　鹽1/4小匙　即溶酵母粉3克（1/2小匙+1/4小匙）　水80克

C 無鹽奶油10克

D 內餡：杏仁粉50克　紅糖50克

做法 ▶

1 材料A先用橡皮刮刀拌勻，再用小火邊煮邊攪煮成糰狀，取出放涼，蓋上保鮮膜，冷藏約60分鐘後備用。（圖**a**）

2 做法**1**的材料與材料B全部混合，先用慢速攪拌成糰，再用中速攪成稍具光滑狀。

3 加入無鹽奶油用慢速攪入，再用中速攪成可拉出稍透明薄膜的麵糰（圖**b**）。麵糰放入容器內並蓋上保鮮膜，進行基本發酵約80分鐘。

4 內餡：杏仁粉先用上、下火120℃烘烤約10分鐘，放涼後與紅糖混合備用。（圖**c**）

5 麵糰分割成4等份，**滾圓**後蓋上保鮮膜，鬆弛約10分鐘。

6 麵糰壓成**圓餅狀**，分別包入2大匙的內餡（圖**d**），接著在麵糰表面刷上蛋液再沾裹內餡（圖**e**），進行最後發酵約10分鐘。

7 輕輕的將麵糰壓成直徑約8公分的**圓餅**，麵糰邊緣剪8個長約1公分的開口（圖**f**，可參考枸杞麵包的操作），繼續發酵20分鐘。放入已預熱的烤箱中，以上火190℃、下火160℃烘烤約18分鐘。

杏仁紅糖麵包

參考份量 **4** 個

a　　　b

c　　　d

e　　　f

a   b

麥香核桃麵包

參考份量 **4** 個

材料 ▶

A 全麥麵糰（湯種）：全麥麵粉10克
  水60克 胚芽1小匙
B 高筋麵粉150克 全麥麵粉100克
  鹽1/2小匙 即溶酵母粉4克（1小匙）
  蜂蜜30克 水90克
C 無鹽奶油15克 碎核桃60克
D 裝飾：蛋白20克 胚芽適量

做法 ▶

1 材料A先用橡皮刮刀拌勻，再用小火邊煮
 邊攪煮成糊狀，取出放涼，蓋上保鮮
 膜，冷藏約60分鐘後備用。（圖**a**）
2 **做法1**的材料與材料B全部混合，先用慢
 速攪拌成糰，再用中速攪成稍具光滑狀
 的麵糰。
3 加入無鹽奶油用慢速攪入，再用中速攪
 成具延展性麵糰，加入碎核桃用慢速攪
 勻。（圖**b**）
4 麵糰放入容器內並蓋上保鮮膜，進行基
 本發酵約80分鐘。
5 麵糰分割成4等份，滾圓後蓋上保鮮膜鬆
 弛約10分鐘，整形成長約15公分的**橄欖
 形**（圖**c**）（整形方式如P.21），刷上蛋白
 液再沾裹均勻的胚芽（圖**d**）。
6 進行最後發酵約25分鐘，麵糰表面斜切3
 個刀口（圖**e**），繼續發酵10分鐘。
7 放入已預熱的烤箱中，以上火190℃、下
 火160℃烘烤約20分鐘。

c   d

e

TIPS ▶
◆材料A的胚芽可先
 用上、下火150℃
 烘烤約10分鐘，
 較有香氣；裝飾用
 的胚芽則不用事先
 烘烤。

參考份量 **5** 個

材料 ▶

A 中種麵糰：全麥麵粉190克
  即溶酵母粉4克（1小匙） 水125克
B 主麵糰：全麥麵粉110克 細砂糖25克
  鹽1小匙 奶粉15克 水65克
C 無鹽奶油10克
D 裝飾：蛋白15克 即食燕麥片100克

做法 ▶

1 材料A全部混合，用慢速攪拌成糰即可，
  蓋上保鮮膜進行基本發酵約2小時。
2 **做法1**的麵糰與材料B全部混合，先用慢
  速攪拌成糰，再用中速攪成稍具光滑
  狀。
3 加入無鹽奶油用慢速攪入，再用中速攪
  成光滑具延展性麵糰。
4 麵糰放入容器內並蓋上保鮮膜，進行第

二次發酵約50分鐘。
5 麵糰分割成5等份，滾圓後蓋上保鮮膜，
  鬆弛約10分鐘。
6 麵糰整形成長約15公分的**橄欖形**（整形
  方式如P.21），麵糰刷上均勻的蛋白，再
  將整面沾裹即食燕麥片，進行最後發酵
  約25分鐘。
7 剪刀傾斜45度在麵糰表面剪3個刀口，再
  繼續發酵10分鐘。
8 放入已預熱的烤箱中，以上火180℃、下
  火160℃烘烤約20分鐘。

TIPS ▶
◆烘烤時注意上火勿太高溫，以避免即食燕
  麥片烤得過硬。

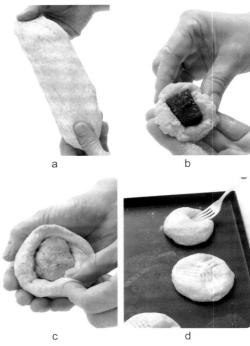

a

b

c

d

紅糖麻薯地瓜麵包

參考份量 **6** 個

材料 ▶

A 高筋麵粉150克　全麥麵粉50克
　細砂糖10克　鹽1/4小匙
　即溶酵母粉3克（1/2小匙+1/4小匙）
　地瓜泥50克　鮮奶110克

B 無鹽奶油10克

C 內餡：紅糖麻薯60克　地瓜泥100克
　糖粉15克　無鹽奶油10克　杏仁粉10克

做法 ▶

1 材料A全部混合，先用慢速攪拌成糰，再用中速攪成稍具光滑狀。

2 加入無鹽奶油用慢速攪入，再用中速攪成光滑具延展性麵糰。（**圖a**）

3 麵糰放入容器內並蓋上保鮮膜，進行基本發酵約80分鐘。

4 內餡：紅糖麻薯分成6等份，地瓜泥於蒸熟後趁熱拌入糖粉、無鹽奶油及杏仁粉，用橡皮刮刀攪勻，分成6等份後分別包入紅糖麻薯備用（**圖b**）。

5 麵糰分割成6等份，滾圓後分別包入內餡（**圖c**），蓋上保鮮膜鬆弛約10分鐘。

6 用手將麵糰壓成直徑約8公分的**圓餅狀**，繼續發酵20分鐘，用叉子在麵糰表面以3等份的間距，利用叉子背部輕輕平壓麵糰。（**圖d**）

7 繼續發酵5分鐘，麵糰刷上均勻的蛋液，放入已預熱的烤箱中，以上火190℃、下火160℃烘烤約18分鐘。

TIPS ▶

◆用叉子壓麵糰時，需沾些高筋麵粉，以防止沾黏。

材料 ▶

A 高筋麵粉250克　金砂糖（二砂糖）25
克　鹽1/4小匙　即溶酵母粉4克（1小
匙）　奶粉10克　水160克

B 無鹽奶油10克　黑芝麻粉20克

C 裝飾：蛋白、黑芝麻適量

做法 ▶

1 材料A全部混合，先用慢速攪拌成糰，再
用中速攪成稍具光滑狀。

2 加入無鹽奶油用慢速攪入，再用中速攪
成光滑具延展性麵糰。

3 加入黑芝麻粉，用慢速攪勻，麵糰放入
容器內並蓋上保鮮膜，進行基本發酵約
80分鐘。

4 麵糰分割成6等份，**滾圓**後刷上均勻的蛋
白，並沾裹黑芝麻，進行最後發酵約30
分鐘。

5 放入已預熱的烤箱中，以上火190℃、下
火160℃烘烤約18分鐘。

TIPS ▶

◆麵糰表面的黑芝麻不需事先烤熟。

◆滾圓後的麵糰呈圓球形（整形方式如
P.20），即是成品造型，需將底部確實黏
緊，烘烤後才不會爆開。

黑芝麻粉麵包

參考份量
6
個

桂圓酒香麵包

參考份量 **1** 個

單元5-3

材料 ▶

A 桂圓肉90克　米酒（不含鹽）90克

B **麥片麵糰（湯種）**：即食燕麥片20克
　高筋麵粉10克　水60克

C 高筋麵粉250克　細砂糖15克
　鹽1/4小匙　即溶酵母粉4克（1小匙）
　鮮奶120克　米酒35克

D 無鹽奶油15克

做法 ▶

1 桂圓肉加米酒浸泡1小時，瀝乾並用廚房
　紙巾擦乾備用。

2 材料B先用橡皮刮刀拌勻，再用小火煮成
　糰狀，取出放涼蓋上保鮮膜，冷藏約60
　分鐘後備用。

3 **做法2**的材料與材料C全部混合，先用慢
　速攪拌成糰，再用中速攪成稍具光滑狀
　的麵糰。

4 加入無鹽奶油用慢速攪拌，再用中速攪
　成具延展性麵糰。

5 麵糰放入容器內並蓋上保鮮膜，進行基
　本發酵約80分鐘。

6 取出麵糰滾圓，蓋上保鮮膜鬆弛約10分
　鐘，整形成長約28公分、寬約24公分的
　長方形（整形方式如P.20），翻面後鋪上
　做法1的桂圓肉，用手輕輕壓平再捲成**圓
　柱體**。

7 放入烤盤蓋上保鮮膜，進行最後發酵約
　30分鐘，麵糰刷上均勻的蛋液，在表面
　橫切9個刀口，繼續鬆弛5分鐘。

8 放入已預熱的烤箱中，以上火190℃、下
　火160℃烘烤約25分鐘。

TIPS ▶

◆材料C的米酒，取自材料A浸泡過桂圓肉
　的米酒。

材料 ▶

A 薏仁50克　水300克

B 高筋麵粉200克　細砂糖20克
　鹽1/4小匙　黑糖蜜15克
　即溶酵母粉3克（1/2小匙+1/4小匙）
　薏仁水115克

C 無鹽奶油15克

做法 ▶

1 薏仁洗乾淨後瀝乾水分，再加水300克浸泡5小時，再用小火將薏仁煮成軟Q的口感（**圖a**），瀝乾水分（**圖b**）並保留薏仁水備用。

2 材料B全部混合，先用慢速攪拌成糰，再用中速攪成稍具光滑狀。

3 加入無鹽奶油用慢速攪拌，再用中速攪成具延展性麵糰。

4 加入**做法1**的薏仁，用慢速攪勻，麵糰放入容器內並蓋上保鮮膜，進行基本發酵約70分鐘。

5 麵糰分割成6等份，滾圓後蓋上保鮮膜，鬆弛約10分鐘。

6 麵糰分別整形成長約14公分的**圓柱體**（整形方式如P.21），放入紙模內蓋上保鮮膜，進行最後發酵約30分鐘。

7 麵糰刷上均勻的蛋液，放入已預熱的烤箱中，以上火190℃、下火180℃烘烤約18分鐘。

TIPS ▶

◆ 材料B的薏仁水取自材料A的薏仁與水熬煮後所剩餘的水分。

◆ 事先將薏仁泡水，可縮短時間即能將薏仁煮軟，加入麵糰前，最好用廚房紙巾確實將水分擦乾，才易攪入麵糰中。

a　　　　　b

黑糖蜜薏仁麵包

烤模 ▶ 第39頁圖P

參考份量 6個

材料 ▶

A **糙米飯麵糰（湯種）**：糙米飯50克
高筋麵粉10克　水70克

B 高筋麵粉250克　紅糖20克　鹽1/4小匙
即溶酵母粉3克（1/2小匙+1/4小匙）
鮮奶120克

C 無鹽奶油10克　松子（先烤熟）50克

D **裝飾**：胚芽

做法 ▶

1 材料**A**先用橡皮刮刀拌勻，再用小火煮成
糰狀，取出放涼蓋上保鮮膜，冷藏約60
分鐘後備用。

2 **做法1**的材料與材料**B**全部混合，先用慢
速攪拌成糰，再用中速攪成稍具光滑
狀。

3 加入無鹽奶油用慢速攪入，再用中速攪
成光滑具延展性麵糰，加入松子用慢速
攪勻。

4 麵糰放入容器內並蓋上保鮮膜，進行基
本發酵約80分鐘。

5 麵糰分割成4等份，**滾圓**後刷上均勻的蛋
白，並沾裹胚芽，進行最後發酵約25分
鐘。

6 麵糰表面切5個刀口，繼續發酵10分鐘。

7 放入已預熱的烤箱中，以上火190℃、下
火160℃烘烤約20分鐘。

TIPS ▶

◆**材料A的糙米飯**：2杯的糙米洗乾淨，加2
杯半的水煮熟，再取50克的糙米飯來製
作麵包。

◆滾圓後的麵糰呈**圓球形**（整形方式如
P.20），即是成品造型，需將底部確實黏
緊，烘烤後才不會爆開。

材料 ▶

A 黑麥片麵糰（湯種）：黑麥片25克
鮮奶60克

B 高筋麵粉200克　細砂糖15克
即溶酵母粉3克（1/2小匙+1/4小匙）
鹽1/4小匙　水120克

C 無鹽奶油10克

D 內餡：八寶豆（蜜漬過）200克

做法 ▶

1 材料A先用橡皮刮刀拌勻（**圖a**），再用小
火邊煮邊攪至水分完全收乾（**圖b**），取
出放涼蓋上保鮮膜，冷藏約60分鐘後備
用。

2 材料B全部混合，先用慢速攪拌成糰，再
用中速攪成稍具光滑狀。

3 加入無鹽奶油及**做法1**的麵糰，用慢速
攪入麵糰中，再用中速攪成光滑具延展
性麵糰。（**圖c**）

4 麵糰放入容器內並蓋上保鮮膜，進行基
本發酵約80分鐘。

5 發酵好的麵糰分割成2等份，滾圓後蓋上
保鮮膜，鬆弛約15分鐘。

6 麵糰分別擀成長約18公分、寬約14公分
的**長方形**（整形方式如P.20），翻面後分
別鋪上八寶豆（**圖d**），將兩邊麵糰對折
黏緊。

7 慕斯框先放在烤盤上，再將**做法6**的麵糰
放入慕斯框內（**圖e**），用手輕輕將麵糰
壓平，蓋上保鮮膜，進行最後發酵約30
分鐘。

8 麵糰刷上均勻的蛋液，放入已預熱的烤
箱中，以上火190℃、下火160℃烘烤約
25分鐘。

黑麥片八寶麵包

參考份量

2

個

單元5-4

a　　　　　　　b

c

d

e

TIPS ▶

◆內餡包好後，將兩邊
麵糰對折黏緊即可，
頭尾可不需黏合，即
可入模發酵。

◆如無法取得黑麥片，
改用大燕麥片即可。

歐美國家由來已久的傳統麵包，或是知名的聖誕節麵包，都各具特色與意義，讓豐富的麵包世界增添不少趣味性。另外還有大家熟悉的流行性產品，簡單易上手，自己動手做，更有成就感。

6

節慶趣味 特殊麵包

麵糰特性 ▶ 視麵包不同的特性，將麵糰攪拌至適當的狀態。

烘烤方式 ▶ 如麵糰的糖量高、油脂多，注意烘烤勿太高溫，以免上色過快。

潘多洛（Pandoro）源自義大利北部的美食重鎮維諾那（Verona），這道麵包內含大量的油脂、砂糖與蛋液，成品呈現誘人的金黃色澤與濃醇的滋味，因此被譽為「黃金麵包」（Golden Bread）。製作潘多洛必須使用一種特殊造型的烤模，烤後的成品表面呈星星狀，撒上糖粉裝飾後形如白雪覆蓋的聖誕樹，與潘妮托妮齊名，都是義大利知名的聖誕節麵包，時至今日，卻是整年都能品嚐到的美味麵包。

TIPS ▶

◆ 麵糰內的奶油含量高，需將奶油切小塊冷藏，較易與麵糰混合均勻。

◆ 中種麵糰以冷藏發酵，較易與高糖量、多油脂及多蛋量材料攪打成糰，不要提前在室溫下回溫。

◆ 材料C的檸檬皮屑是指檸檬的表皮部分，注意勿刨到白色筋膜，以免苦澀。

潘多洛

參考份量 2 個

烤模 ▼ 第38頁圖 F

材料 ▶

A 中種麵糰：高筋麵粉100克
即溶酵母粉2克（1/2小匙）　鮮奶75克

B 主麵糰：高筋麵粉200克　細砂糖60克
鹽1/4小匙　即溶酵母粉2克（1/2小匙）
蛋黃35克　全蛋50克　鮮奶35克

C 無鹽奶油100克　檸檬皮屑1/4小匙

做法 ▶

1 材料A全部混合，用慢速攪拌成糰即可，蓋上保鮮膜放在冷藏室進行基本發酵約10小時。

2 做法1的麵糰與材料B全部混合，先用慢速攪拌成糰，再用中速攪成稍具光滑狀。

3 無鹽奶油切小塊分次加入，用慢速攪入，再用中速攪成可拉出呈透明薄膜的麵糰。

4 刨入檸檬皮屑（如P.48圖**a**的方式），以慢速攪勻，麵糰放入容器內並蓋上保鮮膜，進行第二次發酵約50分鐘。

5 麵糰分割成2等份，滾圓後放入烤模內，蓋上保鮮膜進行最後發酵約60分鐘，麵糰發至模型9分滿的高度。

6 烤模表面蓋上耐高溫的鐵板或烤盤（如P.54的蜜花豆軟麵包的圖**e**），放入已預熱的烤箱中，以上火170℃、下火180℃烘烤約35分鐘。

材料 ▶

A 葡萄乾80克　糖漬桔皮丁80克
　蘭姆酒150克

B **中種麵糰**：高筋麵粉200克　蜂蜜30克
　即溶酵母粉3克（1/2小匙+1/4小匙）
　水90克　蘋果泥20克

C **主麵糰**：高筋麵粉100克　細砂糖20克
　鹽1/2小匙　蘭姆酒1小匙　全蛋30克
　鮮奶20克

D 無鹽奶油80克

E **裝飾**：酥鬆粒2大匙

做法 ▶

1 葡萄乾浸泡在蘭姆酒內至少5小時以上備
　用。

2 材料B全部混合，用慢速攪拌成糰即可，
　蓋上保鮮膜進行基本發酵約3小時。

3 做法**2**的麵糰與材料C全部混合，先用慢
　速攪拌成糰，再用中速攪成稍具光滑
　狀。

4 無鹽奶油切小塊分次加入，用慢速攪
　入，再用中速攪成可拉出大片薄膜的麵
　糰。

5 葡萄乾擠乾後與糖漬桔皮丁加入麵糰
　中，用慢速攪勻。

6 麵糰放入容器內並蓋上保鮮膜，進行第
　二次發酵約60分鐘。

7 麵糰分割成3等份，**滾圓**後放入紙模內，
　蓋上保鮮膜進行最後發酵約60分鐘。

8 麵糰刷上均勻的蛋液，撒上適量的酥鬆
　粒，放入已預熱的烤箱中，以上火180
　℃、下火180℃烘烤約25分鐘。

潘妮托妮

參考份量約 **3** 個　　烤模 ▼ 第**39**頁圖N

單元6-1

TIPS ▶

◆葡萄乾浸泡蘭姆酒的時間越久味道越香
　醇，糖漬桔皮丁也可以與葡萄乾同時浸
　泡。

◆麵糰內的奶油含量高，需將奶油切小塊
　冷藏，較易與麵糰混合均勻。

◆酥鬆粒的材料與做法如P.43鮮奶油麵包的
　材料C與做法**6**。

關於潘妮托妮 *About Panettone*

潘妮托妮（Panettone）有人稱為「米蘭大
麵包」，是義大利知名的聖誕水果麵包。傳
統又道地的潘妮托妮特別以天然菌種來製
作，麵糰經過長時間慢慢發酵，並添加各
式的蜜漬果乾，做成圓筒式的造型；烤後
的麵包需密封存放2天左右，當所有味道充
分混勻後，更能散發麵包特有的風味與迷
人的香氣。由來已久的潘妮托妮，其典故
傳說眾說紛紜，總之是因Pan de Toni（其
意為「Toni的麵包」）的這種說法，口耳相
傳後演變成「潘妮托妮」（Panettone）。

史多倫

參考份量 **2** 個

材料 ▶

A 葡萄乾、綜合水果乾、糖漬桔皮丁各50克　蘭姆酒150克

B 高筋麵粉250克　細砂糖40克　鹽1/2小匙
即溶酵母粉3克（1/2小匙+1/4小匙）　奶粉10克
肉桂粉1小匙　蘭姆酒1大匙　水125克

C 無鹽奶油65克　杏仁片50克　無鹽奶油（融化）100克

D 裝飾：糖粉

做法 ▶

1 葡萄乾浸泡在蘭姆酒內至少5小時以上備用。

2 材料B全部混合，先用慢速攪拌成糰，再用中速攪成稍具光滑狀。

3 加入無鹽奶油用慢速攪入，再用中速攪成光滑具延展性麵糰。

4 葡萄乾擠乾後與綜合水果乾、糖漬桔皮丁及杏仁片加入麵糰中，用慢速攪勻。

5 麵糰放入容器內並蓋上保鮮膜，進行基本發酵約80分鐘。

6 麵糰分割成2等份，滾圓後蓋上保鮮膜，鬆弛約15分鐘，再分別擀成長約20公分、寬約15公分的**橢圓形**。（圖**a**）（整形方式如P.20）

7 麵糰對折後，用擀麵棍壓緊（圖**b**），進行最後發酵約60分鐘。

8 麵糰刷上均勻的蛋液。放入已預熱的烤箱中，以上火180℃、下火160℃烘烤約28分鐘。

9 麵包出爐後，刷上均勻的融化奶油（圖**c**），待冷卻後篩上適量的糖粉。

a

b

c

> **TIPS ▶**
> ◆葡萄乾浸泡蘭姆酒的時間越久味道越香醇。
> ◆糖漬桔皮丁也可以與葡萄乾同時浸泡。

關於史多倫麵包　*About Stollen*

史多倫（Stollen）麵包，源自德國東部的城鎮德萊斯登（Dresden），是德國聖誕節必備的傳統點心，距今已有好幾世紀的歷史。這款麵包象徵襁褓中的耶穌所裹的包巾，具有特殊的宗教喻意；另一說則是為紀念一位仁慈的「史多倫」國王，將麵包命名為「史多倫麵包」。製作史多倫麵包時，必須事先將必備的葡萄乾、或其他果乾以蘭姆酒浸泡入味，麵糰中並添加肉桂粉、荳蔻、丁香等各式香料，烤後的麵包趁熱將整面沾裹上融化的奶油，再撒上糖粉，經2-3天之後，所有的濃郁果香、酒香與淡淡的香料得以完全釋放，才是最佳品嚐時機。

a

b

c

麵包棒

參考份量約 **18** 條

材料 ▶

A 高筋麵粉150克　低筋麵粉50克
　細砂糖15克　鹽1/2小匙　水100克
　即溶酵母粉1克（1/4小匙）
　帕米善（Parmesan）起士粉20克

B 無鹽奶油15克　蛋白20克
　黑、白芝麻各1大匙

做法 ▶

1 材料A全部混合，先用慢速攪拌成糰，再用中速攪成稍具光滑狀。

2 加入無鹽奶油用慢速攪入，再用中速攪成光滑且延展性麵糰。

3 麵糰放入容器內並蓋上保鮮膜，進行基本發酵約50分鐘。

4 麵糰擀成厚約0.3公分的**片狀**，刷上均勻的蛋白再撒上混合好的黑、白芝麻（**圖a**），用手輕輕的將芝麻壓緊。

5 切割成寬約0.8-1公分的長條形（**圖b**），再用雙手將麵糰扭成捲曲狀（**圖c**），進行最後發酵約15分鐘。

6 放入已預熱的烤箱中，以上火180℃、下火150℃烘烤約15-20分鐘。

TIPS ▶

◆成品上色烤熟後，可再利用餘溫多燜一下，即可呈現酥脆口感；而如果成品烤熟隨即出爐，則是外脆內軟的口感；因此可依個人的口感喜好調整烘烤時間。

◆麵糰切割的寬度需一致，較易控制烘烤效果；視成品上色程度，需個別先後取出。

◆麵糰擀成片狀時，將擀麵棍由麵糰中心點向四周擀開，注意力道要平均，厚薄才會一致；並儘量擀成長方形的片狀，才方便切割成條狀。

材料 ▶

A 高筋麵粉200克　低筋麵粉50克
　細砂糖10克　鹽1/2小匙
　即溶酵母粉2克（1/2小匙）　水150克

B 無鹽奶油10克

C 配料：橄欖油2大匙
　鹽、黑胡椒各1/4小匙
　乾燥百里香（Thyme Leaves）、
　羅勒（Basil Leaves）各1/2小匙

做法 ▶

1 材料A全部混合，先用慢速攪拌成糰，再用中速攪成稍具光滑狀。

2 加入無鹽奶油用慢速攪入，再用中速攪成光滑具延展性麵糰。

3 麵糰放入容器內並蓋上保鮮膜，進行基本發酵約60分鐘。

4 麵糰分割成7等份，滾圓後蓋上保鮮膜鬆

弛約10分鐘，再分別擀成厚約0.3-0.5公分的片狀，接著放入烤盤。

5 麵糰表面抹上均勻的橄欖油，撒上適量的鹽、黑胡椒、乾燥百里香、羅勒（**圖a**），麵糰切割成數個刀口（**圖b**），再用手將麵糰邊緣向外拉開（**圖c**），進行最後發酵約20分鐘。

6 放入已預熱的烤箱中，以上火210℃、下火170℃烘烤約20分鐘。

關於葉形烤餅 *About Fougasse*

葉形烤餅（Fougasse），曾經是法國南部普羅旺斯聖誕節的傳統點心之一，這種薄薄的烤餅其特徵是通常被切割成如樹葉般、或是如面具般的造型。麵糰內可添加洋蔥末、培根丁及黑胡椒等，或以各式乾燥香草提香，與義大利的佛卡恰類似，無論口感或風味都有異曲同工之妙。

葉形烤餅

參考份量約 **7** 片

a

b

c

TIPS ▶
◆配料可隨個人的喜好變換材料。
◆麵糰擀成片狀時，將擀麵棍由麵糰中心點向四周擀開，注意力道要平均，厚薄才會一致。

芝心披薩

參考份量 **2** 個

材料 ▶

A 高筋麵粉100克　低筋麵粉100克　細砂糖10克　鹽1/2小匙
即溶酵母粉2克（1/2小匙）　水110克

B 橄欖油10克　摩札瑞拉起士（Mozzarella）80克

C 披薩醬：沙拉油1大匙　洋蔥末50克　大蒜末1小匙　水120克
番茄糊70克　月桂葉1片　鹽1/4小匙　黑胡椒粉1/8小匙

D 配料：玉米粒250克　洋蔥1/4個　臘腸（切片）50克
黑橄欖（切片）10粒　洋菇（切片）70克　披薩起士絲200克

做法 ▶

1 材料A全部混合，用慢速攪拌成鬆散狀，即可加入橄欖油，再用中速攪成光滑具延展性麵糰。

2 麵糰放入容器內並蓋上保鮮膜，進行基本發酵約60分鐘。

3 **披薩醬**：沙拉油加熱後，加入洋蔥末及大蒜末用小火炒香，再分別加入番茄糊、水及月桂葉（**圖a**），繼續用小火煮至濃稠狀，最後加鹽及黑胡椒粉調味，放涼備用。（**圖b**）

4 麵糰分割成2等份，滾圓後擀成直徑約 22公分的**圓餅形**（整形方式如P.20），蓋上保鮮膜鬆弛約15分鐘。

5 摩札瑞拉起士鋪在麵糰邊緣，並輕輕的壓平，再將麵糰拉起向內黏緊。（**圖c**）

6 披薩醬均勻的抹在餅皮表面（**圖d**），再分別放上玉米粒、洋蔥絲、臘腸、黑橄欖、洋菇及披薩起士絲（**圖e**），進行最後發酵約15分鐘。

7 放入已預熱的烤箱中，以上火200℃、下火250℃烘烤約12分鐘。

> **TIPS ▶**
> ◆麵糰邊緣包入起士前，必須先鬆弛較易整形，並要確實將麵糰黏緊，避免烘烤時裂開。
> ◆配料可依個人喜好作變化。
> ◆摩札瑞拉起士如無法取得，也可換成披薩起士絲。

關於披薩 *About Pizza*

披薩（Pizza）源自義大利南部的拿坡里（Napoli），從最早的披薩元祖「瑪格麗特披薩」（Margherita 為19世紀義大利王妃之名）開始，初時只是在餅皮上抹點番茄醬汁，撒上起士與羅勒葉，以最簡單的方式呈現，最後則衍生出各式口味的披薩；只要能掌握餅皮的製作技巧，不論厚皮還是薄皮，再善用各式食材搭配成美味的餡料，利用高溫烘烤，即可將餅皮烤得爽脆可口。

a

b

c

d

e

口袋麵包（Pita Bread）是中東地區的主食之一。製作口袋麵包的材料很單純，屬於低熱量的麵包。成型後的麵糰需經過高溫烘烤，即會在短時間內膨脹呈中空狀；剖開後的袋口內可隨心所欲填入各式餡料，趁熱食用的餅皮，軟Q中帶有嚼勁口感。讀者可多利用口袋麵包製成各種口味的三明治。

Tips ▶

◆麵糰整形時，可撒上高筋麵粉防止沾黏。

◆麵糰如呈膨漲鼓起來的形狀，即可個別出爐，注意勿烘烤過度，否則餅皮變硬，即無法呈現中空造型。

◆成品冷卻剪成兩半時，上下餅皮會呈黏合狀，只要用手輕輕撥開即可。

口袋麵包

參考份量 **5** 個

材料 ▶

A 高筋麵粉200克　細砂糖5克（1小匙）
鹽1/4小匙　即溶酵母粉2克（1/2小匙）
水130克

B 配料：苜宿芽1盒　蘋果1/2個
小黃瓜2條　火腿5片　沙拉醬適量

做法 ▶

1 材料A全部混合，先用慢速攪拌成糰，再用中速攪成光滑具延展性的麵糰。

2 麵糰放入容器內並蓋上保鮮膜，進行基本發酵約50分鐘。

3 麵糰分割成5等份，滾圓後麵糰沾裹高筋麵粉，擀成長約18-20公分、厚約0.3公分的橢圓形（圖**a**）（整形方式如P.20），放入烤盤進行最後發酵約10分鐘。

4 放入已預熱的烤箱中，以上火250℃、下火200℃烘烤約8分鐘，如麵糰膨漲呈中空狀即可出爐。（圖**b**）

5 成品剪成兩半，切口輕輕的撥開即呈空心狀，將配料填入即可。

a　　　　　　　　b

材料 ▶

A 高筋麵粉150克　全麥麵粉50克
　鹽1/2小匙　即溶酵母粉1/8小匙
　泡打粉（B.P）1/8小匙　水110克
　沙拉油10克
B 配料：火腿片、切達起士片各5片
　生菜2張

做法 ▶

1 材料A全部混合，以慢速攪拌成鬆散狀，
　即可加入沙拉油，用中速攪成光滑具延
　展性麵糰。

2 麵糰放入容器內並蓋上保鮮膜，放入冷
　藏室鬆弛約60分鐘。

3 麵糰分割成5等份，滾圓後蓋上保鮮膜鬆
弛約10分鐘，再分別擀成直徑約20公分
的**圓餅形**（整形方式如P.20）。

4 麵皮放入已預熱的平底鍋內，將兩面烙
　熟。

5 餅皮表面鋪上生菜、火腿片及切達起士
　片即可。

TIPS ▶

◆平底鍋內不需放油，加熱後直接烙熟
　即可，注意勿過度加熱，否則成品的
　口感會變硬。

◆配料可依個人喜好做變化，也可擠些
　沙沙醬（Salsa）、芥茉醬或酸辣醬等
　調味。

墨西哥捲餅

參考份量約 **5** 片

關於墨西哥捲餅 *About Tortilla*

墨西哥捲餅（Tortilla）如同義大利的披
薩一樣，也是平民化的食物。餅皮內
鋪上碎牛肉、雞肉、豬肉、番茄、起
士等不同口味的餡料，再淋上酸辣醬
汁，捲起來即可食用，是既方便又美
味的墨西哥速食；用平底鍋烙好的餅
皮，放涼後可密封冷凍保存，食用前
只要再回溫加熱，即可製成各種捲餅
三明治。

關於貝果 *About Bagel*

貝果（Bagel）是猶太人的傳統食物，這種嚼勁十足的環狀麵包，只是用最基本的材料製作，不過最大特色是整形後的麵糰，必須放入沸騰的滾水中川燙一下，以達到麵糰瞬間糊化的作用，烘烤後的成品才會呈現光澤的外表；食用時可橫切為二，抹上奶油乳酪放上各式夾心餡料當成三明治食用；而書中的材料又另加切達起士片，藉以增添不同的風味與口感。

TIPS ▶

◆ 若希望組織鬆軟，可將川燙前的發酵時間延長；川燙完後不用再發酵，需立刻烘烤。

◆ 貝果夾心前，橫切為二後，可先用低溫120℃烘烤約10分鐘成金黃色，口感較好。

◆ 夾心的食材可隨個人喜好作變化。

貝果

參考份量約 **5** 個

材料 ▶

A 切達起士片1片　高筋麵粉300克
　　細砂糖10克　鹽1/2小匙
　　即溶酵母粉4克（1小匙）　水160克

B 水1,500克　細砂糖50克

C 配料：生菜35張　鮮奶20克
　　奶油乳酪100克
　　火腿片、切達起士片、番茄各5片

做法 ▶

1 切達起士片用手撕碎，與材料A的其他材料全部混合，先用慢速攪拌成糰，再用中速攪成光滑具延展性的麵糰。

2 麵糰放入容器內並蓋上保鮮膜，進行基本發酵約60分鐘。

3 麵糰分割成5等份，**滾圓**後用拇指與食指在麵糰中心戳洞，接著用手拉出環狀，鬆弛約10-15分鐘。

4 材料C煮至沸騰，麵糰正面朝下放入滾水中川燙5秒，立即翻面繼續川燙5秒，接著撈出麵糰直接放入烤盤。

5 放入已預熱的烤箱中，以上火200℃、下火160℃烘烤約20分鐘。

6 配料：奶油乳酪軟化後，用打蛋器攪散，再加入鮮奶攪拌成光滑的乳酪糊。

7 貝果橫切為兩半，先抹上乳酪糊，再分別放上生菜葉、火腿片、切達起士片及番茄片。

材料▶

A 高筋麵粉75克　低筋麵粉75克
　細砂糖5克　鹽1/2小匙　水80克
　橄欖油15克

B 匈牙利紅椒粉（Paprika）1小匙
　生的白芝麻30克

做法▶

1 材料A全部混合，先用慢速攪拌成糰，再用中速攪成稍具光滑狀的麵糰。

2 將麵糰包入保鮮膜內，冷藏鬆弛約3小時，取出先擀成**圓餅形**（整形方式如P.20），再用雙手的手背將麵糰撐開成**薄片狀**。

3 切除麵糰四周較厚的部分，在麵糰表面噴上少許的水。

4 撒上適量的白芝麻，用手輕輕壓緊，再撒上均勻的匈牙利紅椒粉，鬆弛約10分鐘。

5 用輪刀切割成不規則三角形，再用刮板將麵糰慢慢劗起放入烤盤。

6 放入已預熱的烤箱中，以上火180℃、下火150℃烘烤約10分鐘。

TIPS ▶

◆ 麵糰不需搓揉出筋，份量也不多，因此用手操作很方便。

◆ 麵糰切割成三角形時，不需相同樣式，但需注意薄片在短時間內即會烤熟，如有先上色的成品，必須先出爐。

芝麻脆片

參考份量約 **20** 片

單元6-2

金牛角

參考份量 **8** 個

單元6-3

材料 ▶

A 高筋麵粉200克　低筋麵粉100克
　細砂糖50克　鹽1/2小匙
　即溶酵母粉1克（1/4小匙）
　泡打粉1/4小匙　奶粉15克
　起士粉10克　全蛋50克　水90克
B 無鹽奶油30克
C 裝飾：蛋黃1個　白芝麻1小匙
　無鹽奶油（融化）100克

做法 ▶

1 材料A全部混合，先用慢速攪拌成糰，再用中速攪成稍具光滑狀。
2 加入無鹽奶油用慢速攪入，再用中速攪成光滑狀的麵糰。
3 麵糰放入容器內並蓋上保鮮膜，鬆弛約10分鐘。
4 麵糰分割成8等份，**滾圓**後蓋上保鮮膜，鬆弛約10分鐘用手搓成**圓錐狀**，再擀成長約20-25公分的三角形，在最短處的一邊切一小刀口，再用雙手將麵糰往下捲起。
5 麵糰蓋上保鮮膜，鬆弛約20分鐘，刷上均勻的蛋黃液，並撒上少許白芝麻。
6 放入已預熱的烤箱中，以上火190℃、下火160℃烘烤約20分鐘。取出將麵糰整面刷上融化的奶油，續烤約5分鐘後再取出刷上融化奶油，接著再烤5分鐘。

TIPS ▶
◆ 麵糰尾端須壓在底部放入烤盤，以免烘烤後被撐開。
◆ 圓錐狀：抓住滾圓好的麵糰底部，捏成尖頭形，放在桌面用手搓揉即可。

材料 ▶

A 糯米粉麵糰（湯種）：糯米粉15克
水50克

B 高筋麵粉250克　細砂糖40克
鹽1/4小匙　起士粉5克　奶粉10克
即溶酵母粉3克（1/2小匙+1/4小匙）
全蛋30克　水60克

C 無鹽奶油15克　糖粉100克

做法 ▶

1 材料A先用橡皮刮刀拌勻，用小火邊煮邊
攪煮成糊狀，取出放涼蓋上保鮮膜，冷
藏約60分鐘後備用。

2 **做法1**的材料和材料B全部混合，先用慢
速攪拌成糰，再用中速攪成稍具光滑
狀。

3 加入無鹽奶油用慢速攪入，再用中速攪
成光滑具延展性麵糰。

4 麵糰放入容器內並蓋上保鮮膜，進行基
本發酵約50分鐘。

5 麵糰擀成厚約1公分，再用甜甜圈的模型
切割，接著進行最後發酵約20分鐘。

6 油燒至中溫，將麵糰炸至兩面呈金黃
色，放涼後沾裹糖粉即可。

TIPS ▶

◆ 麵糰整形時，可撒上高筋麵粉防止沾
黏。

◆ 如沒有甜甜圈切割器，也可依照P.154
貝果的整形方式製作。

◆ 測試油溫時，可放入小塊麵糰丟入油
鍋中，如麵糰從鍋底慢慢浮起即可油
炸；注意油炸時必須不停翻面，以避
免炸得過焦。

　　「為什麼我做的麵包，不像外面賣的一樣？」這句話經常出現在我的烘焙網站中，甚至很多做麵包的新手，也會提出這樣的質疑。其實道理很簡單，想想看！當你的麵包製作過程中，從麵糰攪拌、操作手法、發酵環境、烘烤方式，甚至配方用料等諸多環節，或許都與營業的有所差異，那麼最後呈現出不同的麵包成品也是必然的。

　　然而這並不表示非得擁有如專業般的製作技巧，才有辦法做出一等一的麵包品質；事實上，做麵包真的沒有想像中的困難，做得好與不好，完全取決於不同的熟練度而已，現實的是，所謂的熟練度卻來自經驗的累積；換句話說，對一個麵包製作的新手而言，千萬別在起步階段就急著用高標準來評斷。

　　對於做麵包不甚熟練的你，或許很有心看完書中所敘述的製作方式與細節，同時也明瞭了做麵包是怎麼回事，然而當你面對每個製作階段時，仍會出現種種疑慮，麵糰出筋了嗎？發酵好了嗎？甚至也沒把握出爐的時機到底對不對，從頭到尾似乎都在摸索中進行，其實這些都是正常現象；然而一回生二回熟之後，麵糰摸久了，漸漸地也能掌握麵糰的「個性」，然後再憑著視覺與嗅覺，即會對眼前的麵糰變得更有感覺。

　　也就是說，從生疏到熟悉，一切的轉變都需付出一點時間，當你在每一次的製作，都出現不同程度的進步與心得時，表示你即將從新手變成熟手囉！

孟老師再次叮嚀▶

◆製作有問題時，別忘了看一下前面的說明。
◆製作時，環境的溫度與溼度會讓麵糰產生不同反應，因此把麵糰當成是活的東西，所有的製作條件絕不是一成不變的。
◆所有食譜的攪拌（揉麵）時間、發酵時間、烘烤時間與火溫高低等數據，都是僅供參考，別忘了要多「觀察」，才能做出正確的「判斷」。
◆做麵包未必需要烤模，只要依你的意願，即可做出獨家產品，未必要照著書中的示範。

做麵包需要花時間，然而一切的等待，絕對是值得的！

台北市

燈燦
103台北市大同區民樂街125號
（02）2553-4527

精浩
103台北市大同區太原路21號1樓
（02）2550-8978

洪春梅
103台北市民生西路389號
（02）2553-3859

果生堂
104台北市中山區龍江路429巷8號
（02）2502-1619

申梳
105台北市松山區延壽街402巷2弄13號
（02）8787-2750

義興
105台北市富錦街574巷2號
（02）2760-8115

源記（富陽）
106北市大安區富陽街21巷18弄4號1樓
（02）2736-6376

正大（康定）
108台北市萬華區康定路3號
（02）2311-0991

倫敦
108台北市萬華區廣州街222號之1
（02）2306-8305

源記（崇德）
110台北市信義區崇德街146巷4號1樓
（02）2736-6376

頂顥
110台北市信義區莊敬路340號2樓
（02）8780-2469

大億
111台北市士林區大南路360號
（02）2883-8158

飛訊
111台北市士林區承德路四段277巷83號
（02）2883-0000

元寶
114台北市內湖區環山路二段133號2樓
（02）2658-9568

得宏
115台北市南港區研究院路一段96號
（02）2783-4843

菁乙
116台北市文山區景華街88號
（02）2933-1498

全家（景美）
116台北市羅斯福路五段218巷36號1樓
（02）2932-0405

全家（中和）
235台北縣中和市景安路90號
（02）2245-0396

基隆

美豐
200基隆市仁愛區孝一路37號2樓
（02）2422-3200

富盛
200基隆市仁愛區曲水街18號1樓
（02）2425-9255

嘉美行
202基隆市中正區豐稔街130號B1
（02）2462-1963

證大
206基隆市七堵區明德一路247號
（02）2456-6318

台北縣

大家發
220台北縣板橋市三民路一段99號
（02）8953-9111

全成功
220台北縣板橋市互助街36號（新埔國小旁）
（02）2255-9482

旺達
220台北縣板橋市信義路165號
（02）2952-0808

聖寶
220台北縣板橋市觀光街5號
（02）2963-3112

佳佳
231台北縣新店市三民路88號
（02）2918-6456

艾佳（中和）
235台北縣中和市宜安路118巷14號
（02）8660-8895

安欣
235台北縣中和市建成路389巷12號
（02）2226-9077

馥品屋
238台北縣樹林鎮大安路173號
（02）8675-1687

鼎香居
242台北縣新莊市中和街14號
（02）2998-2335

永誠（鶯歌）
239台北縣鶯歌鎮文昌街14號
（02）2679-8023

崑龍
241台北縣三重市永福街242號
（02）2287-6020

合名
241台北縣三重市重新路四段244巷32號1樓
（02）2977-2578

今今
248台北縣五股鄉四維路142巷15號
（02）2981-7755

虹泰
251台北縣淡水鎮水源街一段38號
（02）2629-5593

宜蘭

欣新
260宜蘭市進士路155號
（03）936-3114

典星坊
265宜蘭縣羅東鎮林森路146號
（03）955-7558

裕明
265宜蘭縣羅東鎮純精路二段96號
（03）954-3429

桃園

艾佳（中壢）
320桃園縣中壢市環中東路二段762號
（03）468-4558

乙馨
324桃園縣平鎮市大勇街禮節巷45號
（03）458-3555

東海
324桃園縣平鎮市中興路平鎮段409號
（03）469-2565

和興
330桃園市三民路二段69號
（03）339-3742

艾佳（桃園）
330桃園市永安路281號
（03）332-0178

做點心過生活
330桃園市復興路345號
（03）335-3963

櫻枋
338桃園縣蘆竹鄉南上路122號
（03）212-5683

新竹

熊寶寶（優賞）
300新竹市中山路640巷102號
（03）540-2831

永鑫
300新竹市中華路一段193號
（03）532-0786

力陽
300新竹市中華路三段47號
（03）523-6773

新盛發
300新竹市民權路159號
（03）532-3027

萬和行
300新竹市東門街118號
（03）522-3365

康迪
300新竹市建華街19號
（03）520-8250

富讚
300新竹市港南里海埔路179號
（03）539-8878

普來利
320新竹縣竹北市縣政二路186號
（03）555-8086

苗栗

天隆
351苗栗縣頭份鎮中華路641號
（03）766-0837

台中

德麥（台中）
402台中市西屯區黎明路二段793號
（04）2252-7703

總信
402台中市南區復興路三段109-4號
（04）2220-2917

永誠
403台中市西區民生路147號
（04）2224-9876

敬崎
403台中市西區精誠路317號
（04）2472-7578

玉記行（台中）
403台中市西區向上北路170號
（04）2310-7576

永美
404台中市北區健行路665號
（04）2205-8587

齊誠
404台中市北區雙十路二段79號
（04）2234-3000

利生
407台中市西屯區西屯路二段28-3號
（04）2312-4339

辰豐
407台中市西屯區中清路151之25號
(04)2425-9869

豐榮行
420台中縣豐原市三豐路317號
（04）2522-7535

鳴遠
427台中縣潭子鄉中山路3段491號
（04）2533-0111

彰化

敬崎（永誠）
500彰化市三福街195號
（04）724-3927

王成源
500彰化市永福街14號
（04）723-9446

永明
508彰化縣和美鎮鎮平里彰草路2段120號之8
（04）761-9348

上豪
502彰化縣芬園鄉彰南路三段357號
（04）952-2339

金永誠
510彰化縣員林鎮員水路2段423號
（04）832-2811

永誠行（彰化店）
508彰化縣和美鎮彰新路202號
（04）733-2918

南投

順興
542南投縣草屯鎮中正路586-5號
（04）9233-3455
信通行
542南投縣草屯鎮太平路二段60號
（04）9231-8369
宏大行
545南投縣埔里鎮清新里永樂巷16-1號
（04）9298-2766

嘉義

新瑞益（嘉義）
600嘉義市新民路11號
（05）286-9545
采軒（兩隻寶貝）
600嘉義市博東街171號
（05）275-9900

雲林

新瑞益（雲林）
630雲林縣斗南鎮七賢街128號
（05）596-3765
好美
640雲林縣斗六市明德路708號
（05）532-4343
彩豐
640雲林縣斗六市西平路137號
（05）534-2450

台南

瑞益
700台南市中區民族路二段303號
（06）222-4417
富美
704台南市北區開元路312號
（06）237-6284
世峰
703台南市西區大興街325巷56號
（06）250-2027
玉記（台南）
703台南市西區民權路三段38號
（06）224-3333
永昌（台南）
701台南市東區長榮路一段115號
（06）237-7115
永豐
702台南市南區賢南街51號
（06）291-1031
銘泉
704台南市北區和緯路2段223號
（06）251-8007
上輝行
702台南市南區德興路292巷16號
（06）296-1228
佶祥
710台南縣永康市永安路197號
（06）253-5223

高雄

玉記（高雄）
800高雄市六合一路147號
（07）236-0333
正大行（高雄）
800高雄市新興區五福二路156號
（07）261-9852
新鈺成
806高雄市前鎮區千富街241巷7號
（07）811-4029
旺來昌
806高雄市前鎮區公正路181號
（07）713-5345-9
德興（德興烘焙原料專賣場）
807高雄市三民區十全二路103號
（07）311-4311
十代
807高雄市三民區懷安街30號
（07）381-3275
德麥（高雄）
807高雄市三民區銀杉街55號
（07）397-0415
福市
814高雄縣仁武鄉京中三街103號
（07）347-8237
茂盛
820高雄縣岡山鎮前峰路29-2號
（07）625-9679
鑫隴
830高雄縣鳳山市中山路237號
（07）746-2908
旺來興
833高雄縣鳥松鄉大華村本館路151號
（07）370-2223

屏東

四海
908屏東縣長治鄉中興路317號
（08）762-2000
翔峰
900屏東市廣東路398號
（08）737-4759
翔峰（裕軒）
920屏東縣潮州鎮太平路473號
（08）788-7835

台東

玉記行（台東）
950台東市漢陽北路30號
（08）932-6505

花蓮

梅珍香
970花蓮市中華路486之1號
（03）835-6852
萬客來
970花蓮市和平路440號
（03）836-2628

國家圖書館出版品預行編目資料

孟老師的100道麵包／孟兆慶著. -- 初版.
台北縣深坑鄉：葉子，2007 [民96]
面；　公分. -- （銀杏）
ISBN　978-986-7609-97-7（平裝）

1. 食譜－點心　　2. 麵包

427.16　　　　　　　　96010261

銀杏 Ginkgo

孟老師的100道麵包

作　　　者	孟兆慶

出　版　者	葉子出版股份有限公司
發　行　人	葉忠賢
攝　　　影	徐博宇、林宗億（迷彩攝影）
美 術 設 計	行者創意—許丁文
印　　　務	許鈞棋

地　　　址	台北縣深坑鄉北深路三段260號8樓
電　　　話	886-2-8662-6826
傳　　　真	886-2-2664-7633
讀者服務信箱	service@ycrc.com.tw
網　　　址	http://www.ycrc.com.tw
郵 撥 帳 號	19735365
戶　　　名	葉忠賢

印　　　刷	鴻慶印刷事業有限公司
初 版 十 五 刷	2016年 4 月　　新台幣：420 元
I S B N	978-986-7609-97-7
總　經　銷	揚智文化事業股份有限公司
地　　　址	台北縣深坑鄉北深路三段260號8樓
電　　　話	886-2-2664-7780
傳　　　真	886-2-2664-7633

222-04
台北縣深坑鄉北深路三段260號8樓

揚智文化事業股份有限公司　　收

□□□-□□

地址：　　　市縣　　鄉鎮市區　　路街　段　巷　弄　號　樓

姓名：

Leaves
Publishing

 書號 L5111　　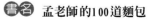 書名 孟老師的100道麵包

葉子出版股份有限公司

讀・者・回・函

感謝您購買本公司出版的書籍。

爲了更接近讀者的想法，出版您想閱讀的書籍，在此需要勞駕您詳細爲我們填寫回函，您的一份心力，將使我們更加努力！！

1.姓名：＿＿＿＿＿＿＿

2.性別：□男 □女

3.生日／年齡：西元＿＿＿＿年＿＿月＿＿日＿＿歲

4.教育程度：□高中職以下 □專科及大學 □碩士 □博士以上

5.職業別：□學生□服務業□軍警□公教□資訊□傳播□金融□貿易
　　　　　□製造生產□家管□其他＿＿＿＿＿＿

6.購書方式／地點名稱：□書店＿＿＿＿□量販店＿＿＿＿□網路＿＿＿＿□郵購＿＿＿＿
　　　　　　　　　　　□書展＿＿＿＿□其他＿＿＿

7.如何得知此出版訊息：□媒體＿＿＿□書訊＿＿＿□書店＿＿＿□其他＿＿＿

8.購買原因：□喜歡作者□對書籍內容感興趣□生活或工作需要□其他

9.書籍編排：□專業水準□賞心悅目□設計普通□有待加強

10.書籍封面：□非常出色□平凡普通□毫不起眼

11. E - mail：＿＿＿＿＿＿＿＿＿＿＿＿＿＿＿＿＿＿＿＿＿＿

12喜歡哪一類型的書籍：＿＿＿＿＿＿＿＿＿＿＿＿＿＿＿＿＿＿＿＿＿

13.月收入：□兩萬到三萬□三到四萬□四到五萬□五萬以上□十萬以上

14.您認爲本書定價：□過高□適當□便宜

15.希望本公司出版哪方面的書籍：＿＿＿＿＿＿＿＿＿＿＿＿＿＿＿＿＿＿

16.本公司企劃的書籍分類裡，有哪些書系是您感到興趣的？

□忘憂草（身心靈）□愛麗絲（流行時尚）□紫薇（愛情）□三色堇（財經）

□ 銀杏（健康）□風信子（旅遊文學）□向日葵（青少年）

17.您的寶貴意見：

＿＿＿＿＿＿＿＿＿＿＿＿＿＿＿＿＿＿＿＿＿＿＿＿＿＿＿＿＿＿＿＿＿＿＿

☆填寫完畢後，可直接寄回（免貼郵票）。

　我們將不定期寄發新書資訊，並優先通知您

　其他優惠活動，再次感謝您！！